i创客教育
MAKER & EDU

Arduino

图形化编程
进阶实战

ArduBlock 编程制作项目 11 例

吴汉清 著

人民邮电出版社

北京

图书在版编目（CIP）数据

Arduino图形化编程进阶实战：ArduBlock编程制作项目11例 / 吴汉清著. -- 北京：人民邮电出版社，2017.10（2024.1重印）
（创客教育）
ISBN 978-7-115-46759-1

Ⅰ. ①A… Ⅱ. ①吴… Ⅲ. ①单片微型计算机—程序设计 Ⅳ. ①TP368.1

中国版本图书馆CIP数据核字(2017)第232997号

内 容 提 要

本书介绍了Arduino的基础知识和ArduBlock图形化编程软件的使用方法，并提供了11个使用ArduBlock编程的应用实例。这些实例生动有趣、新颖独特、实用性强。每个实例都给出了所使用的传感器介绍、硬件电路工作原理图、程序代码、装配及调试等内容，资料完整，每一个实例都经过作者实际制作。这些实例不仅涵盖了Arduino常见的应用类型，也包含了Arduino常用的传感器模块。读者通过学习、制作书中的实例，可以发挥自己的创造性，在现有作品基础上设计和制作出自己的作品。

本书适合创客、电子爱好者和Arduino爱好者阅读，也可作为中小学创客教育的教学参考书。

◆ 著　　　　吴汉清
　　责任编辑　周　明
　　责任印制　周昇亮
◆ 人民邮电出版社出版发行　　北京市丰台区成寿寺路 11 号
　　邮编　100164　　电子邮件　315@ptpress.com.cn
　　网址　http://www.ptpress.com.cn
　　廊坊市印艺阁数字科技有限公司印刷
◆ 开本：690×970　1/16
　　印张：8.75　　　　　　　　2017 年 10 月第 1 版
　　字数：202 千字　　　　　　2024 年 1 月河北第 8 次印刷

定价：49.00 元
读者服务热线：(010)81055339　印装质量热线：(010)81055316
反盗版热线：(010)81055315
广告经营许可证：京东市监广登字20170147号

序

　　从2010年联合创立新车间起,我看着国内创客运动从开办几个人的小众俱乐部发展到现在各地都如火如荼地开展创客教育,非常欣喜。新车间为了让更多的人加入创客阵营而于2012年开发的ArduBlock,这几年得到了很多用户的喜爱,在世界各地都有使用者。这个工具将编程的工作简化为拖曳图形的拼图游戏,使编程可视化,交互性加强。使用编程软件ArduBlock,人人能开发、制作出自己的创客项目。

　　ArduBlock得到国内老师的喜爱,这些年也有很多书籍把ArduBlock作为入门工具介绍给读者。这次非常高兴看到国内知名创客教师吴汉清先生的《Arduino图形化编程进阶实战》把ArduBlock的应用带到下一个境界——使用它实现复杂的项目,让ArduBlock的应用不再局限于入门学习。

中国首家创客空间——新车间创始人、创客大爆炸联合创始人、深圳开放创新实验室主任

李大维

2017年8月20日深夜草于深圳开放创新实验室

前 言

Arduino 使得没有多少电子技术基础、不懂单片机的人也能制作出自己的智能硬件，但是使用 Arduino 必须具备一些 C 语言的编程基础，这使它的应用受到了一点限制。中国创立最早的创客空间——上海新车间开发的第三方图形化编程软件 ArduBlock，顺利解决了这一难题，让人们学习 Arduino 的门槛进一步降低。它将编程的工作简化为拖曳图形进行组合的拼图游戏，使编程可视化，交互性加强。使用它，中小学生也能利用 Arduino 实现机器人制作，完成自己的创客制作项目。但人们在使用 ArduBlock 编程时普遍认为它只能解决比较简单的问题，其实并非如此，只要我们多动脑筋，还是可以用它做出比较复杂的作品的。

笔者从 2016 年 6 月开始，为《无线电》杂志撰写了"ArduBlock 图形化编程进阶实战"系列共 10 篇文章，本书就是以此为基础整理、扩充而成的。第 1 章介绍了 Arduino 的基础知识和 ArduBlock 软件的安装和使用方法，通过这一章的学习，读者基本上就入门了。第 2 章到第 12 章介绍了 11 个 Arduino 制作实例，笔者在选择这些实例时既考虑了作品类型的涵盖面，也注意使用到各种常用的传感器模块。这些实例从易到难，新颖有趣，实例制作资料完整，可操作性强，且所有作品均为原创。笔者想通过这些实例来和读者一起学习如何更好地使用 Arduino，在这些实例的制作过程中，我们不仅会提高使用 ArduBlock 编程的能力，还能学到不少硬件知识和软件技巧。

感谢人民邮电出版社、《无线电》编辑部为本书出版所做的工作，感谢上海新车间开发了图形化编程软件 ArduBlock。

由于笔者水平有限，书中错误和不足之处在所难免，恳请读者批评指正。读者可以到笔者的新浪博客（http:// blog.sina.com.cn/ntwhq）交流。

吴汉清

2017 年 5 月

本书配套软件和实例程序等文件下载链接：https://pan.baidu.com/s/1c2lFh9e

提取密码：pij5

目　录

第1章 搭建 Arduino 图形化编程平台

自 Arduino 出现以来，用它的人越来越多，现在它已经成了创客制作项目中控制器的首选。拿到一块 Arduino，你是不是急于学会它的使用方法？本章就教你如何使用图形化编程软件 ArduBlock 编写程序，并把程序写入 Arduino。

1.1 Arduino 控制器简介

Arduino 平台由 Arduino 控制器和 Arduino 集成开发环境（IDE）组成。

Arduino 控制器的型号很多，目前使用最多的是 Arduino UNO，它是 Arduino 平台的标准版。和 Arduino UNO 功能基本一样，但体积小型化的 Arduino 控制器有 Arduino Nano 和 Arduino Pro Mini；体积大型化同时性能提升的有 Arduino MEGA2560，它们均兼容 Arduino UNO 的程序，因此我们以 Arduino UNO 为例介绍就可以了。

Arduino UNO 的最新版本是 UNO R3，其主要参数如下。

- MCU：ATmega328P

- USB 接口芯片：ATmega16U2

- 工作电压：5V

- 输入电压：7 ~ 12V

- 数字输入/输出引脚：14个，分别为 0 ~ 13（其中 3、5、6、9、10、11 引脚可作为模拟输出（PWM 方式））

- 模拟输入引脚：6个，分别为 A0 ~ A5（这6个引脚也能作数字输入/输出引脚用）

- 数字输入/输出引脚最大输出电流：40mA

- 3.3V 电源输出接口最大输出电流：50mA

- Flash Memory：32KB（其中 0.5KB 用于 bootloader）

- SRAM：2KB

- EEPROM：1KB

- 工作时钟：16MHz

Arduino UNO R3 控制器的结构如图 1.1 所示。

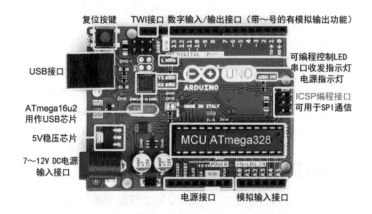

图 1.1　Arduino UNO R3 控制器

Arduino UNO 控制器的电源供应方式有 3 种：（1）通过 USB 连线供电，供电电压为 5V；（2）通过电源输入插座或电路板上的 Vin 输入端供电，供电电压为 7 ~ 12V，经电路板稳压后提供 5V 工作电压；（3）通过电路板上的 5V 输出端供电，供电电压为 5V。

Arduino UNO 控制器有两个直流电源输出端，分别为 5V 和 3.3V，用于对外接设备供电。其中 5V 输出端能提供的最大电流为 300mA，3.3V 输出端能提供的最大电流为 50mA。

Arduino Nano 和 Arduino Pro Mini 控制器分别如图 1.2 和图 1.3 所示。

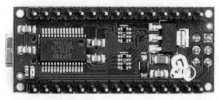

图 1.2　Arduino Nano 控制器（正反面）

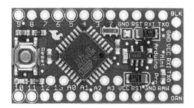

图 1.3　Arduino Pro Mini 控制器（正反面）

1.2　下载安装 Arduino IDE

软件可以到官方网站 www.arduino.cc 下载，下面以 Arduino 1.6.8 版为例介绍软件的下载和安装。

对于 Windows 操作系统，可以单击"Windows Installer"下载安装包 arduino-1.6.8-windows.exe，下载结束后安装软件；也可以单击"Windows"下载 ZIP 压缩包 arduino-1.6.8-windows.zip，解压文件到选定的地址，双击 arduino 文件夹下的 arduino.exe 文件即可打开 Arduino IDE。

打开软件后，可以看到如图 1.4 所示的界面。

图 1.4　Arduino IDE 界面

接下来将 Arduino UNO 控制器用 USB 线连接到计算机，对于 Windows 10，可自

动完成驱动程序的安装。驱动程序安装完成后，会在计算机的设备管理器中看到对应的
COM口（串口），比如COM4。COM口是Arduino控制器和计算机通信的端口。

如图1.5所示，在Arduino IDE中打开软件自带的示例Blink。打开后的窗口如图1.6
所示，这段程序代码的作用是让电路板接在数字13脚，标注L的LED按照亮1s、灭1s的
规律闪烁。要达到这一目标，必须把程序上传到Arduino UNO中。

图 1.5　打开 Blink 程序

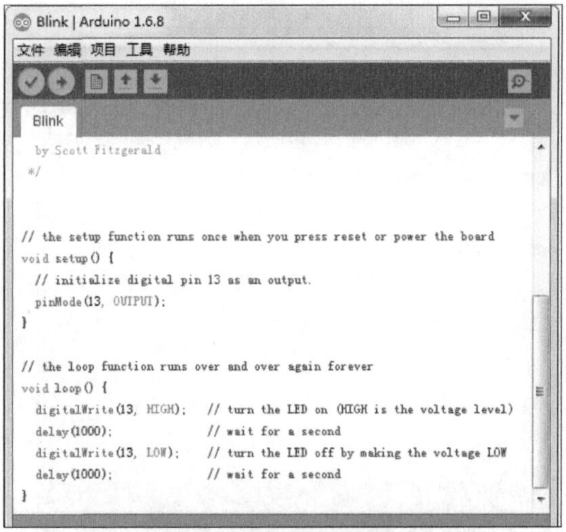

图 1.6　Blink 程序代码

在上传该程序之前，需先选择Arduino控制器的型号，如图1.7所示。再选择端口，
即Arduino控制器对应的COM口，如图1.8所示。最后单击⬆上传工具按钮，就可以先
编译程序，再将程序写入Arduino控制器。在写入过程中，我们可以看到电路板上标有
TX、RX的两个LED在快速闪烁。上传完成后的窗口如图1.9所示。

图 1.7   选择 Arduino 控制器的型号

图 1.8   选择 COM 口

图 1.9   上传程序

至此，我们就可以看到LED按照程序设定的要求闪烁了。

1.3 配置ArduBlock图形化编程环境

上面例子的程序的代码是用文本代码写的，如果要使用图形化编程，需要安装第三方软件ArduBlock，安装过程如下。

1.3.1 创建目录

在Arduino安装目录的"Arduino\tools"子目录中建立ArduBlockTool文件夹，再在ArduBlockTool子目录中建立tool文件夹。

1.3.2 安装ArduBlock软件

将ardublock-all.jar文件复制到"Arduino\tools\ArduBlockTool\tool\"子目录中，如图1.10所示。

图 1.10 安装 ArduBlock 软件

1.3.3 安装第三方类库

本书实例编程需要用到一些Arduino IDE没有自带的类库，这些非Arduino官方开发的类库称为第三方类库，如红外遥控类库IRremote、多任务类库Scoop、温/湿度传感器DHT11类库Dht11。只要将这些库文件复制到"Arduino\libraries\"子目录即可，如图1.11所示。

图 1.11 安装第三方类库

安装完成后重启Arduino IDE，这时在菜单栏的"工具"里就可以看到"ArduBlock"这个选项，如图1.12所示。

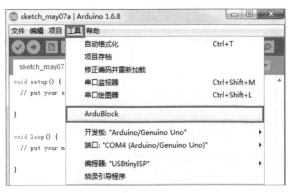

图 1.12　ArduBlock 选项

单击"ArduBlock"选项，会打开另一个编辑窗口，如图1.13所示。原来用文字编写的代码现在就可以通过拼接功能模块来实现了，从左边找到所需的功能模块，拖曳到右边的编辑区与其他模块进行拼接即可。要删除某个功能模块，只需要将其拖曳到左边就可以了。

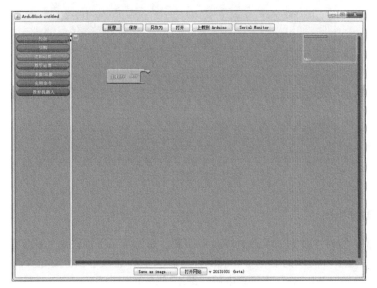

图 1.13　ArduBlock 编辑窗口

1.3.4　应用举例

以上一节的示例Blink为例，用ArduBlock编程的过程如下。

1. 添加主程序模块

每个程序都有一个主程序，对应的模块在"控制"组件中，打开 ArduBlock 软件后，右边的编辑区默认就有此模块，如图 1.14 所示。

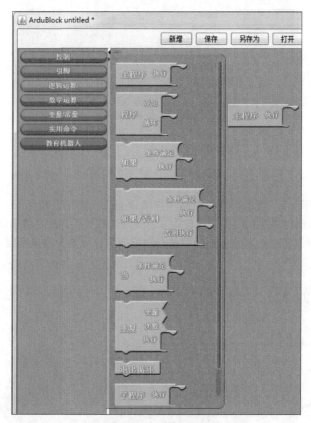

图 1.14　主程序模块

2. 添加数字引脚

在"引脚"组件中找到"设置针脚（即引脚，软件用了不同说法）数字值"模块拖放到右边的"主程序"模块的插槽中，将 # 号后表示引脚的数字由默认的 1 改为 13，如图 1.15 所示。下面的"HIGH"表示高电平，即 13 脚的输出为 5V。

3. 添加延迟模块

在"实用命令"组件中找到"延迟"模块拖放到右边的"主程序"模块的插槽中，如图 1.16 所示。默认的数字 1000 表示 1000ms（毫秒），即 1s（秒），可以根据需要单击修改。

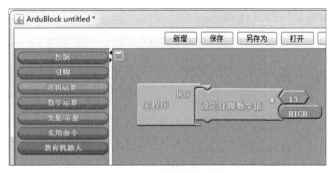

图 1.15　添加数字引脚

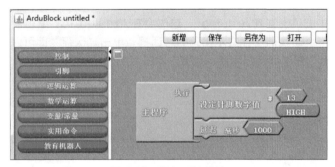

图 1.16　添加延迟模块

4. 复制模块

接下来要加的模块和前面的类似，可采用复制再修改的方式添加。在"设置针脚数字值"模块上右键单击选择"克隆"，即可得到复制好的两个模块，如图 1.17 所示。将复制的模块拖到"主程序"插槽中，单击"设置针脚数字值"中的"HIGH"，在下拉列表中选择"低（数字）"，表示 13 脚的输出为 0V。

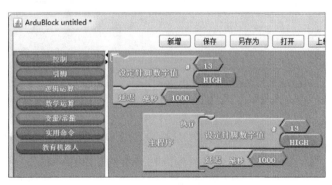

图 1.17　复制模块

完成后的程序代码如图 1.18 所示。

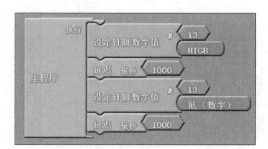

图 1.18 Blink 的 ArduBlock 程序

单击工具栏中的"上载到Arduino",这时会在Arduino IDE 编辑窗口生成对应的文本代码,并跳出一个让我们保存文本代码的对话框,单击"保存"即可保存文本代码。在选择保存或取消后,程序即开始编译、上传,如图 1.19 所示。

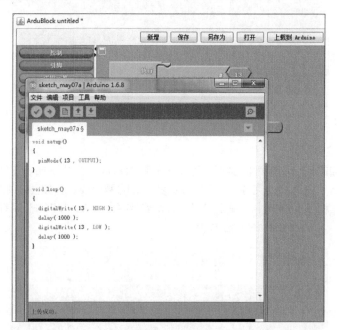

图 1.19 上传程序

上传结束后,控制器上通过数字引脚 13 驱动的 LED(标注为 L)就开始闪烁了。

请看,图 1.19 中 ArduBlock 生成的程序和原来的示例是一样的,只是少了注释的文字。

编写好的 ArduBlock 图形程序也可以保存，其文件扩展名为 .abp，在需要时可以重新打开。

至此，ArduBlock 图形化编程的平台就搭建好了，可以用它来进行编程。

1.4　小结

这一章我们学习了 Arduino 控制器和 Arduino 集成开发环境的基本知识，通过一个实例掌握了 ArduBlock 图形化编程的设置和使用方法，为以后各章的学习打下了基础。ArduBlock 各模块的详细介绍请参阅本书的附录。

第2章 自我控制 LED 夜灯

本章介绍一个神奇的LED夜灯，神奇之处是LED既当光敏传感器用，又当发光器件用，即LED"自我控制"发光。电路采用Arduino控制，它是如何实现一物两用功能的呢？

2.1 预备知识

2.1.1 普通LED夜灯

图2.1所示是我们常用的LED夜灯，使用的是纯硬件电路，利用光敏电阻作光敏传感器，当光线暗到一定程度后，灯就会自动点亮。

图 2.1 LED 夜灯

Arduino也可以实现同样的功能，实验电路如图2.2所示。光敏电阻的阻值随着光线的减弱而增大，它和10kΩ电阻串联后的中点输出电压也随着增大，中点接在模拟输入引脚A0上，模拟输入引脚带有ADC（模/数转换）功能，可以将输入的0～5V电压对应转换成0～1023的整数，根据转换后数值的大小，我们就能判断光线的强弱，确定是否点亮LED。LED由数字引脚2推动，数字引脚的输出状态只有两种——0V和5V，分别称为低电平和高电平。当数字引脚2输出高电平时，LED点亮。

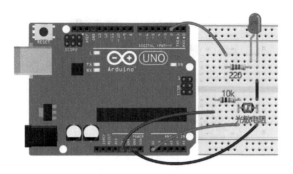

图 2.2　使用光敏电阻的 Arduino LED 夜灯面包板电路

　　根据上述特征编写的 ArduBlock 程序如图 2.3 所示，程序中的"如果/否则"是条件判断模块，针对设置的条件进行判断，根据结果选择执行不同的程序。在条件中用了一个"大于"逻辑运算模块。程序上传后，我们会发现这个面包板电路和 LED 夜灯有相同的功能，所不同的是它使用起来更加灵活，可以通过修改程序改变开灯的设置值，增加功能。

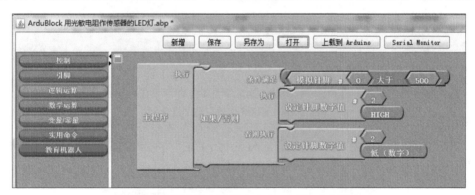

图 2.3　使用光敏电阻的 Arduino LED 夜灯程序

2.1.2　LED 光伏效应试验

　　能不能不用光敏电阻，直接使用 LED 自身作光敏传感器呢？这得看 LED 有没有光伏效应。光伏效应全称为光生伏特效应，是指半导体器件在受到光照后，其两端会产生电位差的现象。LED 是半导体器件，它是否具有光伏效应呢？我们只要测量一下它在光照下两端能否产生电压就能做出判断了。

　　由于光伏效应产生的电压很小，负载能力也差，用普通指针万用表的电压挡无法测量，必须使用数字万用表的 mV 挡测量。若没有数字万用表，我们可以直接使用 Arduino 控制器的模拟输入端口测量，按图 2.4 所示用面包板搭建测试电路，测试程序如图 2.5 所示。

图 2.4 LED 光伏效应测试电路

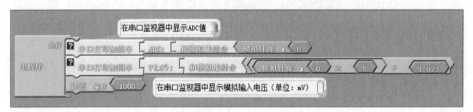

图 2.5 LED 光伏效应测试程序

测试数据通过串口输入到计算机，用 Arduino IDE 的串口监视器观看测试数据，数据包括 ADC 值和对应的模拟电压值。当我们改变光线强度时，发现输出数值会跟着变化，光线越强，数值越大，由此证实 LED 确实具有光伏效应，只是其灵敏度不是太高。将测量电路置于照度约为 300lx 的室内光线环境下，用一个功率为 1W、发白光的 LED 做试验，测试数据如图 2.6 所示。将测量电路置于要点灯的光线下，此时的 ADC 值即可作为编程时开灯条件的设置值。

2.2 硬件电路

电路如图 2.7 所示，图中 R1 是 LED 发光时的限流电阻，R2 是 LED 作光敏传感器时的负载电阻。

电路工作原理为：LED 上光伏效应产生的电压由模拟输入引脚 A0 输入，进行模数转

图 2.6 LED 光伏效应测试数据

换，如果转换值小于开灯条件的设置值，数字引脚2输出高电平，推动LED发光并保持一段时间，接下来数字引脚2输出低电平关闭LED，回到初始状态，如此循环。在LED用作传感器测量环境光线强度时，它是不发光的，但由于用于测量的时间比人眼的视觉暂留时间还短，所以你几乎感觉不到LED闪烁。二极管VD为隔离二极管，在LED测量光线强度时可避免因数字引脚2输出低电平而造成短路。

用实物搭建的LED夜灯面包板电路如图2.8所示。

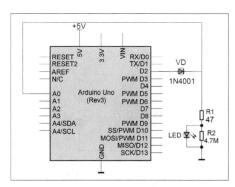

图 2.7　LED 夜灯电路图

图 2.8　LED 夜灯面包板电路

2.3　程序设计

LED夜灯的ArduBlock程序如图2.9所示。程序中在数字引脚2输出低电平后，加了5ms的延时，这是为了让数字引脚2输出的低电平进入稳定状态后，再测量引脚A0输入的模拟电压，不然得不到正确的测量结果，电路无法正常工作。

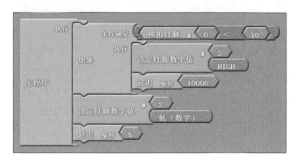

图 2.9　LED 夜灯程序

直接在Arduino IDE软件界面上单击工具栏的 ⊙ 按钮，将程序上传到Arduino控制器，结果发现电路能够正常工作了，光线变暗时LED才点亮。

2.4 用单片机制作LED夜灯

制作一个实用的LED夜灯，直接用Arduino控制器装配显然是不合适的，一是体积大，二是成本高。下面介绍一下用ATmega328P单片机制作LED夜灯的方法，以后我们也可以使用这种方法将用Arduino控制器制作的作品改为直接用单片机制作，编程和上传程序仍然使用Arduino和ArduBlock。

2.4.1 单片机LED夜灯电路

使用ATmega328P制作LED夜灯的电路如图2.10所示。图中标注了ATmega328P的引脚和Arduino UNO的端口之间的对应关系，方便编程时使用。

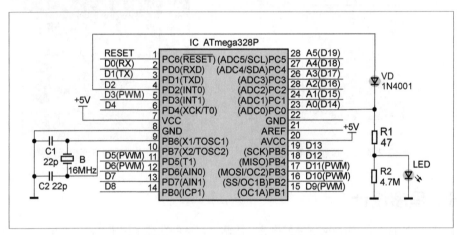

图 2.10　ATmega328P LED 夜灯电路

元器件清单见表2.1。

表2.1　元器件清单

序号	名　称	标　号	规格型号	数量
1	AVR单片机	IC	ATmega328P	1
2	电阻	R1	47Ω，1/4W	1
3	电阻	R2	4.7MΩ，1/4W	1
4	电容	C1、C2	22pF	2
5	二极管	VD	1N4001	1
6	发光二极管	LED	1W	1
7	晶体振荡器	B	16MHz	1
8	洞洞板			1

　　LED 选用功率为 1W 的，在本电路中工作电流只有 30mA 左右，功耗很小，有利于延长它的使用寿命。

2.4.2　用 Arduino 控制器制作 ISP 下载线

　　打开 Arduino 的示例程序 ArduinoISP，如图 2.11 所示。将其上传到 Arduino 控制器，这样就将 Arduino 控制器做成了一个 AVR 单片机的 ISP 下载线。

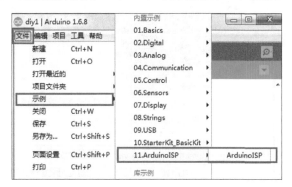

图 2.11　打开示例程序 ArduinoISP

2.4.3　给单片机烧写程序

　　用上传了 Arduino ISP 程序的 Arduino 控制器给单片机烧写程序的电路连接方法如图 2.12 所示，其中单片机、晶体振荡器和两只电容组成了单片机最小系统。连接好的面包板电路如图 2.13 所示。

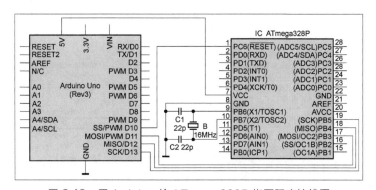

图 2.12　用 Arduino 给 ATmega328P 烧写程序接线图

　　在 ArduBlock 中打开程序，单击"上传到 Arduino"按钮，在 Arduino IDE 编辑窗口中生成文本代码。注意在这一过程要拔下用着 ISP 下载线的 Arduino 控制器，以免已经写入 ArduinoISP 程序的 Arduino 控制器被写入 LED 夜灯的程序。

图 2.13　面包板电路

重新接上 Arduino 控制器，在具有 LED 夜灯文本代码的 Arduino IDE 窗口中，在菜单栏中选择 "工具→编程器→Arduino as ISP"，即选择编程器的类型，如图 2.14 所示。

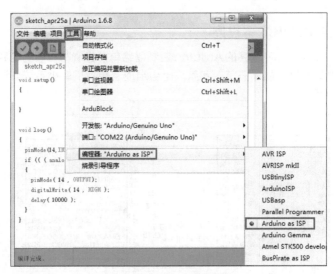

图 2.14　选择编程器类型

首先烧录引导程序 bootloader，如图 2.15 所示。本来在这个应用中可以不需要引导程序，但由于 AVR 单片机出厂时熔丝位的默认配置不是这里所需要的，通过下载引导程序可以同时让 Arduino IDE 自动配置熔丝位。

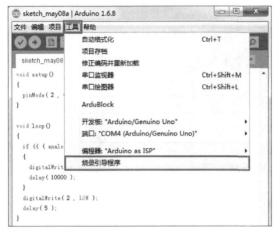

图 2.15　烧录引导程序

　　接下来单击菜单栏的"项目→使用编程器上传",如图 2.16 所示。过一会儿,程序就烧写到 ATmega328P 中了。

图 2.16　使用编程器烧写程序

2.4.4　装配与调试

　　电路可用一块小洞洞板装配,单片机使用一个 28 脚的集成电路插座连接,以方便取下单片机重新烧写程序。

　　装配好的电路板如图 2.17 所示,5V 电源可以使用旧手机的充电器,接线时注意正负板不要接反了。点亮的 LED 夜灯如图 2.18 所示。

图 2.17　装配好的电路板

图 2.18　点亮的 LED 夜灯

2.5　小结

　　LED小夜灯把LED既当作传感器，又当作发光体，简化了电路。直接使用AVR单片机实现Arduino控制器的功能，实际上是做了一个Arduino最小系统（仅含有必要元器件、功能无损失），非常实用，以后我们制作Arduino作品时也可以采用这样的方法，先制作原型，验证功能，再去除不必要的部分，加以简化。这样，最终作品就更像量产的产品了。

第 3 章 奇妙的电磁陀螺

陀螺是小孩子喜欢的玩具，但通常的陀螺需要拿根鞭子不停地抽打，不然它就会逐渐由快变慢，最终停止转动。本章向大家介绍一种不会停止转动的陀螺，不会停止转动并不说明它是"永动机"，而是我们通过电磁场给它不断补充能量，这就是电磁陀螺，利用磁铁同性相斥、异性相吸的特性制作而成。

3.1 硬件电路

在陀螺底部对称的位置上装两块磁铁，一个N极向下，另一个S极向下。要向陀螺提供能量，我们不能简单地使用一个固定的磁场，磁场必须根据陀螺旋转的位置确定极性，以产生吸力或推力给陀螺增加动能，因此首先需要检测陀螺上磁铁旋转所处的角度、位置。线圈除通电可以产生磁场外，也能够感应磁场的变化产生电流，通过判断电流的大小和极性就能够知道陀螺上的磁铁的极性和所处的位置，从而通过磁场对其产生相应的作用力。

3.1.1 普通电磁陀螺电路

使用电子电路可以解决上述问题，图3.1所示是一种最简单的电磁陀螺电路。当陀螺没有使用时，三极管VT处于截止状态。用手指捻动陀螺使其旋转，线圈L1会因陀螺的磁场感应产生电流，使其两端产生电压，当陀螺磁铁的某个极（比如N极）转向线圈时，L1产生上正下负的电压。当这个电压达到0.7V时，VT会开始导通，流过L2的电流会产生上部为S极的磁场，这个磁场会对陀螺磁铁的N极形成吸力，加速其转动；当陀螺的另一个磁极（比如S极）转动离开L1时，L1感应产生的电流也能使VT导通，由L2产生的S极的磁场会对陀螺磁铁

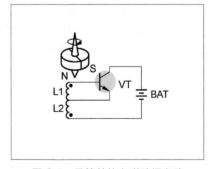

图 3.1 最简单的电磁陀螺电路

的S极形成推力，同样加速其转动。这样循环不息，便会使陀螺维持旋转。

3.1.2 Arduino 电磁陀螺电路

我们学习 Arduino,自然会想到能否用 Arduino 来制作电磁陀螺。我们用模拟输入端替代三极管基极,用数字输出端输出高电平替代三极管的导通,由于使用程序控制,能够分时完成任务,因此只要使用一个线圈就能同时完成磁感应和产生磁场两项任务了,即这个线圈既作磁感应传感器又作电磁铁,这和上一章的 LED 用法有异曲同工之处,因此它们的电路也是类似的,电磁陀螺电路如图 3.2 所示。模拟输入端 A0 用于检测输入模拟量的大小,当因 L 电磁感应产生的输入电压大于一定值时,数字引脚 D2 输出高电平,通过 L 的电流形成的磁场对陀螺产生作用力。

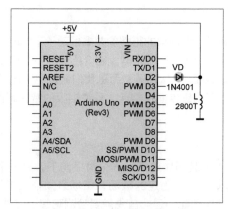

图 3.2　Arduino 电磁陀螺电路

3.2　程序设计

根据前面对电磁陀螺工作原理的分析,我们知道的主要功能就两项:一是检测输入端 A0 的输入信号大小,二是根据检测结果确定数字输出端 D2 是否输出高电平。图形化程序如图 3.3 所示。程序很简单,其中相关的参数在调试陀螺时可作适当调整。

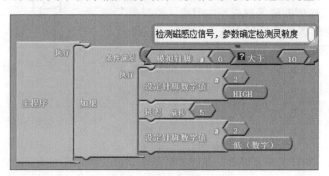

图 3.3　电磁陀螺程序

3.3 零部件制作

3.3.1 陀螺工作平台

陀螺工作平台由圆柱侧面和上平面两部分组成，圆柱侧面是 3D 打印的，上平面因陀螺要在上面旋转，要求光滑，因此使用有机玻璃制作。

圆柱侧面的 3D 设计图如图 3.4 所示，打印好的实物如图 3.5 所示。

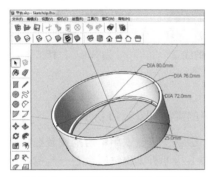

图 3.4 陀螺平台侧面 3D 设计图

图 3.5 陀螺平台侧面实物

用厚度 1mm 左右的有机玻璃做一个直径为 76mm 的圆盘，装入圆柱侧面内，陀螺工作平台就做好了。

3.3.2 线圈

线圈支架也是 3D 打印的，支架分两部分打印，设计图如图 3.6 所示，打印好后把两部分用粘合剂（如氯仿）粘合在一起，做好的支架如图 3.7 所示。

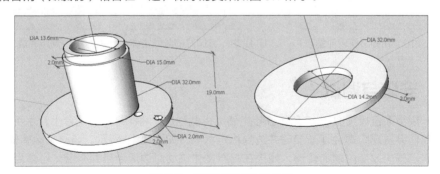

图 3.6 线圈支架 3D 设计图

线圈使用 0.15mm 的漆包线绕制，绕满约 2800 匝，起始端使用铜芯线作为接出引线，从线圈支架预留的小孔中穿过，和漆包线的焊接点要用电工胶带作绝缘处理。绕好的线圈如图 3.8 所示,外面再用胶带裹一下。经测量,线圈的直流电阻约为 200Ω。

把线圈粘贴在陀螺工作平台里面的正中间,从侧面穿孔引线,如图 3.9 所示。

图 3.7　线圈支架　　　　　图 3.8　绕制好的线圈　　　　　图 3.9　陀螺工作平台

3.3.3　陀螺

陀螺主体的 3D 设计图如图 3.10 所示,打印好的实物如图 3.11 所示。

磁铁使用直径 12mm、厚 3mm 的钕铁硼强力磁铁,将磁铁用粘合剂安装在陀螺主体的两个预留孔中,一个磁铁 N 极朝外,另一个磁铁 S 极朝外(磁铁吸合在一起的两个面分别为 N 极和 S 极)。

用一个小铁钉做陀螺的转轴,去掉钉帽,陀螺下面转轴的长度(以下简称为转轴长度)取 8mm 左右,如图 3.12 所示。转轴支点要用砂纸磨圆,以免伤到陀螺的有机玻璃台面。

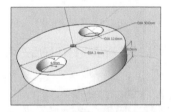

图 3.10　陀螺 3D 设计图　　　图 3.11　打印好的陀螺主体　　　图 3.12　制作完成的陀螺

3.4　安装与调试

用一块小面包板按图 3.13 所示连接电路。上载程序,将陀螺放在平台上,用手指捻动启动,我们会发现陀螺会逐渐加速并达到稳定状态,如图 3.14 所示。调整陀螺转轴长度,可在一定范围内改变陀螺的转速;如果在陀螺发生进动时边沿会碰到平台,可适当增加转轴的长度。

如果在陀螺旋转到平台的某些位置时转速减慢直至停止转动,说明磁铁的磁性较弱,线圈感应电压的阈值偏高了,可调低 模拟引脚 0 大于 10 中的参数,如修改为 模拟引脚 0 大于 5 ,注意参数不要调得太小,否则会产生自激现象。根据实验,按磁铁磁性大小和转轴长度的不同，这个参数可在5~30范围内调整。磁铁磁性强或转轴短，这个参数可取大点，反之参数可取小点。

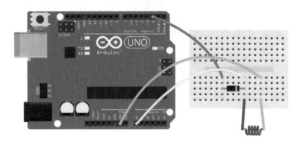

图 3.13　面包板接线图

图 3.14　正常旋转的陀螺

3.5　扩展研究

　　用Arduino控制器制作一个电磁陀螺，读者可能会感觉大材小用了。是的，如果事情到此结束，除了学会了一点电路基础和程序设计的技巧外，确实实际意义不大，但我们不会满足于用一个Arduino控制器和一个三极管做出同样的东西。下面我们来研究如何测量陀螺的转速，当然这项工作不能借助于其他工具，而是通过程序本身来实现。

　　测量转速可通过测量陀螺旋转的周期来实现，陀螺旋转时，数字端口D2输出的脉冲信号如图3.15所示。从图中我们可以看出：由于程序每隔5ms检测一次磁感应强度，每当磁极经过线圈时会产生多个脉冲信号，并且脉冲的个数因转速改变而改变，因此无法通过简单地测量脉冲周期计算陀螺的转速；但我们发现线圈没有感应信号时，会出现一个宽的低电平脉冲，因为陀螺每转一周，有两个磁极经过线圈，所以每转一周会出现两个这样的低电平脉冲，测量这些低电平脉冲出现的时间间隔就可以计算出陀螺的转速。

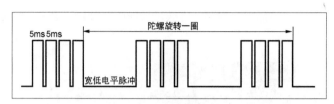

图 3.15　数字端口 D2 输出的脉冲信号

　　具体做法是这样的：测量出现 20 个宽低电平脉冲所用的时间，正好对应陀螺转 10 圈，根据转 10 圈所需的时间计算陀螺的转速，通过串口监视器显示每分钟多少转。陀螺转 10 圈显示一次转速，显示间隔时间也比较合适。

　　程序如图 3.16 所示。因为检测磁感应信号的间隔时间设定为 5ms，所以如果 10ms 没有检测到磁感应信号，我们就可以确认检测到宽低电平脉冲信号了。程序中的计时采用了"上电运行时间"模块。

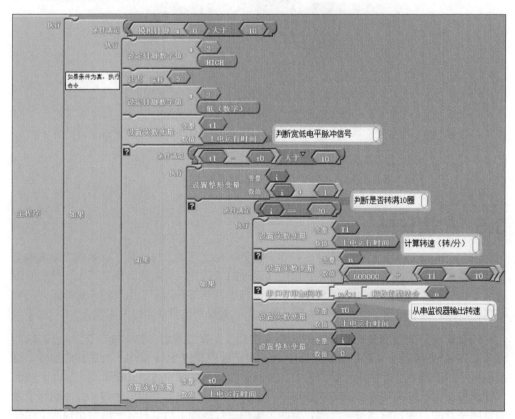

图 3.16　带测量转速功能的程序

上载程序，陀螺转动后，串口监视器显示的转速如图3.17所示。通过测量陀螺的转速，我们就可以对陀螺进行定量的研究了。试一试改变转轴的长度，看看转速变化的情况。

图 3.17　串口监视器输出转速

3.6　扩展应用

利用和电磁陀螺完全一样的电路和程序，只要把陀螺换成一个底部放一个磁铁的秋千横板，在秋千的底部正中放上线圈（见图3.18），就可以制作电磁秋千了（见图3.19）。

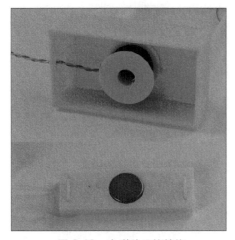

图 3.18　电磁秋千的结构

图 3.19　电磁秋千

3.7　小结

　　Arduino 电磁陀螺的电路和第 2 章的 LED 夜灯的电路结构类似，电感的使用方式也和 LED 类似，大家可以举一反三，看看能不能挖掘出其他类似的应用，比如让电阻丝既当温度传感器，又当发热体。使用 Arduino 制作电磁陀螺，我们能够测量陀螺的转速。从电磁陀螺到电磁秋千，我们进一步拓宽了思路。

温度和湿度是影响人体舒适度的两个重要指标，本章介绍一款用Arduino制作的指针式温/湿度表，可以让我们掌控温/湿度的变化，营造舒适、健康的生活环境。温/湿度表采用DHT11作为温/湿度传感器，用舵机作指示，具有结构新颖、简单易制的特点。

4.1 预备知识

4.1.1 DHT11数字温/湿度传感器

温度传感器有好多种，如热敏电阻、LM35、DS18B20等，本文使用的是能同时测量温度和湿度的传感器DHT11，用一个传感器实现两个参数的测量。

图 4.1 DHT11 数字
温湿度传感器

DHT11应用专用的数字模块采集技术和温/湿度传感技术，有很好的可靠性和稳定性。传感器包括一个电阻式感湿元件和一个NTC（负温度系数，电阻值随温度升高而降低）测温元件，还有一个专用的IC芯片。DHT11采用单总线通信，信号传输距离可达20m以上。DHT11为4针单排引脚封装，如图4.1所示，各引脚功能见表4.1，主要技术参数见表4.2。

表4.1 DHT11引脚功能

引脚	名称	注释
1	VDD	电源正极
2	DATA	串行数据，单总线
3	NC	空脚，悬空
4	GND	接地，电源负极

表4.2　DHT11主要技术参数

供电电压	3.3 ~ 5.5V DC
工作电流	待机：100 ~ 150μA；测量：0.5 ~ 2.5mA
输出	单总线数字信号
测量范围	湿度：20%~90%RH；温度：0 ~ 50℃
测量精度	湿度：±5%RH；温度：±2℃
分辨率	湿度：1%RH；温度：1℃

　　DHT11的典型接线如图4.2所示，R为上拉电阻。制作时也可以购买装配好电阻的DHT11模块，如图4.3所示。

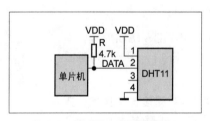 

图 4.2　DHT11 典型接线图　　　　图 4.3　DHT11 模块

　　DATA是通信接口，Arduino与DHT11之间采用单总线通信方式，指令和数据都在一根线上传输，执行单总线通信协议，传输的数据为二进制数。单总线通信的编程比较复杂，一般都使用现成的第三方DHT11类库，只要调用类库里编写好的函数就可以读取DHT11的温/湿度参数了。ArduBlock软件里有读取DHT11温度和湿度的模块，使用时实际上就是调用了DHT11类库里的对应函数。

　　把DHT11按图4.4所示接在Arduino控制器上，将图4.5所示的程序上传到Arduino，就能在串口监视器里看到温度和湿度测量值，如图4.6所示。对着DHT11吹两口气，过一会儿，你就能看到温度和湿度都会发生变化。

图 4.4　DHT11 测试接线图

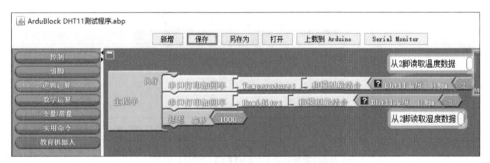

图 4.5　DHT11 测试程序

图 4.6　温湿度测量数据

4.1.2 舵机

舵机是一种角度伺服的驱动器，是由直流电机、减速齿轮组、传感器和控制电路组成的一套自动控制系统。通过发送信号指定输出轴的旋转角度，旋转角度的范围为0°～180°。舵机的内部结构如图4.7所示，共有3条输入线，红色线是电源+，棕色线是地线，橙色（或白色）线是控制信号线。舵机与直流电机的区别是：直流电机是连续转动的，只要通电就始终转动；舵机只能在一定角度范围内转动，当到达指定角度时即停止转动。

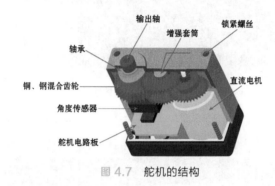

图 4.7 舵机的结构

舵机的控制原理可以用图4.8说明。

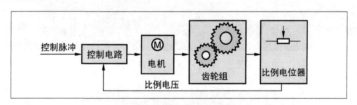

图 4.8 舵机的控制原理

控制电路接收信号源的控制脉冲，并驱动电机转动，减速齿轮组将电机的转速成倍缩小，同时输出扭矩成倍增加，电位器和齿轮组的末级一起转动，构成角度传感器，通过电位器滑动触点的输出电压测量舵机轴转动的角度，然后控制舵机转动到目标角度并保持在此角度位置。

舵机采用PWM信号控制转动角度，控制脉冲周期20ms，脉宽为0.5~2.5ms，分别对应0°～180°的角度位置，呈线性变化，也就是说，给它提供一定的脉宽脉冲信号，它的输出轴就会转到对应角度上。舵机有顺时针方向旋转和逆时针方向旋转两种，顺时针方向舵机输入脉冲宽度与转动角度的关系如图4.9所示。

在ArduBlock中，舵机也有专用的程序模块，它使用的Servo类库是Arduino IDE自带的标准库，不需要自己添加。下面做一个利用计算机串口控制舵机旋转角度的实验，舵机信号线接Arduino的数字引脚D2，如图4.10所示。

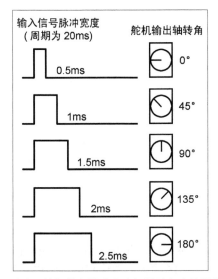

图 4.9　舵机输入脉冲宽度与转动角度的关系

图 4.10　舵机控制电路接线图

　　程序代码如图4.11所示。程序中设置了一个变量angle，存储从串口接收的数据，由于"读取串口模块"在未从串口接收到数据时返回值为0，为了防止舵机反复返回到0°，程序中加了一个判断，只有不为0°的角度才能输出到舵机，避免上述现象的出现，但也带来一个小问题，即不能进行转到0°的控制了。

　　上传完程序，打开串口监视器，发送0°～180°的一个数，我们就能发现舵机转到相应的角度位置上去了。

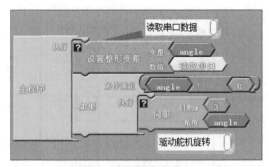

图 4.11 串口控制舵机程序

4.2 硬件电路

电路如图4.12所示。舵机使用的是重量只有9g的逆时针旋转舵机，型号为SG90，DHT11使用的是模块。由DHT11输出的温度和湿度值由Arduino转换成角度值，驱动舵机旋转到对应的位置，Servo1作温度指示，Servo2作湿度指示。Arduino控制器如果通过USB接口或7~12V的电源接口供电，因控制器5V输出端的输出电流有限，两只舵机最好用单独的5V电源供电，以免舵机干扰控制器的工作。图4.12中控制器没有通过USB接口或7~12V的电源接口供电，而是和舵机共用了一个5V电源，通过5V端口供电，这样就节省了一组电源。

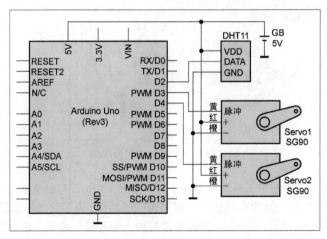

图 4.12 指针式温 / 湿度表电路

4.3 程序设计

通过前面对DHT11和舵机的介绍，我们不难编写出温/湿度表的程序，如图4.13所示。

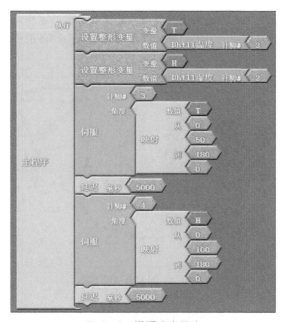

图 4.13　温湿度表程序

　　测量温度显示范围定为 0 ～ 50℃，湿度显示范围定为 0 ～ 100%，为了将测量数据转换成舵机 0°～ 180°的旋转位置，程序中用了两个映射模块作数据的区间转换。程序是按逆时针方向旋转舵机编写的，如换顺时针方向旋转舵机，只需要调换两个映射模块中"到"后面 0 和 180 的位置即可。为了避免两个舵机同时传动工作电流较大，程序对两个舵机采用了错开驱动的方式，每 10s 刷新一次温／湿度显示值。

　　将程序上传到 Arduino 控制器，搭建好实验电路，如图 4.14 所示。接通电源后，舵机能随着温／湿度的变化改变角度位置。但是数分钟后，会发现温／湿度变化时舵机不跟着转动了，用示波器观察数字引脚 3、4 的输出信号，有控制舵机的 PWM 控制信号输出。进一步检查后发现程序卡在读取 DHT11 的数据处了，以为是舵机转动产生的干扰所致，但拔下舵机重启后问题仍然存在。至此怀疑 DHT11 类库和舵机类库发生了冲突，查看舵机 Servo 类库的 Servo.cpp 文件（文件在 Arduino\libraries\Servo\src\avr 文件夹中），发现它采用定时中断的方式产生控制舵机的 PWM 信号，其中有一行代码"TIMSK1|= _ BV(OCIE1A);"，说明开启了 ATmega328P 的定时／计数器 T/C1 的输出比较中断模式，OCIE1A 是寄存器 TIMSK1 中输出比较 A 匹配中断使能位，当它取"1"时，使能输出，比较 A 匹配中断；取"0"时，关闭输出，比较 A 匹配中断。再查看 DHT11 类库的 HqcDht11.cpp 文件，发现它在产生时序脉冲信号时使用了延时函数，Arduino IDE 的延时函数使用了定时／计数器 T/C0 中断，由于 T/C1 的中断优先级高于 T/C0 的中断优先级，因此如果在延时函数延时持续期间发生了 T/C1 中断，则先处理 T/C1 中断程序，延时计数

会暂停，待T/C1中断程序处理结束返回后再恢复延时计数，这样延时时间就变长了，打乱了读取DHT11数据时脉冲信号的时序，而单总线协议对时序的要求非常严格，因此发生问题时就卡住了。

图 4.14　面包板试验电路

　　通过以上分析可知，舵机类库和DHT11类库发生了冲突。根据发生冲突的原因，解决问题的方法有两种：第一种方法是在读取DHT11数据前关闭T/C1的输出比较A匹配中断，读完数据后再开启输出比较A匹配中断，具体做法是在文字代码的loop()函数中相关位置增加两行代码，修改后的程序代码如下。

```
void loop()
{
  TIMSK1&= ~_BV(OCIE1A); //新增代码，位OCIE1A取"0",关闭T/C1输出比较中断
  _ABVAR_1_T = dht11_pin_2.getTemperature() ;//读取温度
  _ABVAR_2_H = dht11_pin_2.getHumidity() ; //读取湿度
  TIMSK1|= _BV(OCIE1A);// 新增代码，位OCIE1A取"1",开启T/C1输出比较中断
  servo_pin_3.write( map ( _ABVAR_1_T , 0 , 50 , 180 , 0) );
  delay( 5000 );
  servo_pin_4.write( map ( _ABVAR_2_H , 0 , 100 , 180 , 0) );
  delay( 5000 );
}
```

　　在Arduino IDE中将程序上传到Arduino控制器，温/湿度表工作恢复正常。上述方法对不熟悉单片机的读者来说比较难于理解，这时可以采用第二种方法来解决问题。

　　第二种方法是在编写程序时不使用Servo类库，以避免使用定时/计数器T/C1的中断，方法是直接写代码产生PWM控制信号。因为PWM控制信号的脉冲宽度和舵机的旋转角度有着一一对应的关系，所以要控制舵机旋转到某一角度，只要发送对应宽度的脉冲信号即可。具体做法是编写一个子程序，设置两个入口参数，分别为舵机驱动输出引脚

pin和PWM控制信号的脉冲宽度pw（单位为μs），子程序的主要功能是产生脉宽为pw μs、周期为20ms的脉冲信号，在驱动舵机时直接调用即可。编写子程序时，子程序模块和调用子程序的模块要取相同的名称，这里取名servo，调用子程序的模块放在主程序中。

用第二种方法编写的程序如图4.15所示，主程序分为两段，第一段是读取温度数据并转换成控制舵机的PWM信号的脉冲宽度，设置对应的驱动引脚，随后调用舵机子程序完成温度指示。子程序设置了50个脉冲信号，用时1s，虽然控制脉冲信号不像使用类库时始终存在，但持续存在期间足够让舵机转到相应的位置，子程序运行结束后返回主程序，在脉冲控制信号消失后，舵机会保持在原先的位置上。回到主程序后，延时4s进入主程序的第二段，第二段的功能为湿度指示，工作过程和第一段类似。

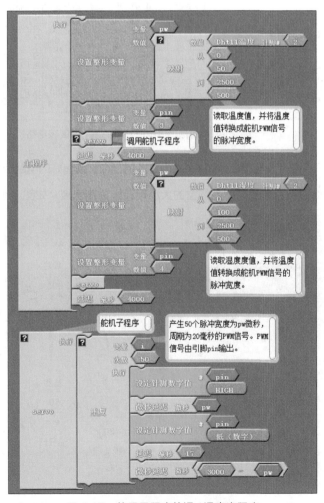

图 4.15　使用子程序的温 / 湿度表程序

将上述程序上传到 Arduino 控制器，温/湿度表工作正常。

4.4　装配与调试

为了减小体积，增加实用性，温/湿度表可直接使用 ATmega328P 单片机制作，电路如图 4.16 所示，然后用第 2 章介绍的方法给单片机写入 Arduino 程序。

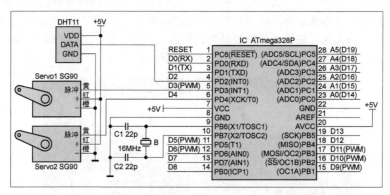

图 4.16　使用 ATmega328P 单片机的温/湿度表电路

电路使用洞洞板安装，用插针作舵机和 DHT11 的插口，装配好的电路板如图 4.17 所示。

找一个长方体的小包装盒，根据纸盒的大小设计好刻度面板，如图 4.18 所示。

图 4.17　装配好的电路板

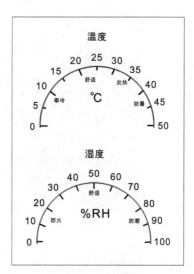

图 4.18　设计面板

将打印好的面板纸用彩笔画好相关的区域，再贴在纸盒上，如图 4.19 所示。

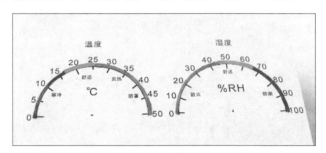

图 4.19　制作面板

在面板上打孔，将两个舵机装在面板上，背面用热熔胶固定，再装上指针，如图 4.20
所示。

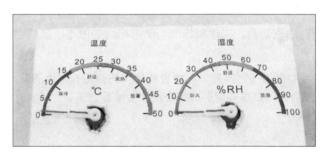

图 4.20　装配舵机

电源可使用 4 节镍氢充电电池或接 5V 电源适配器，长期使用时，最好使用 5V 电源适
配器，如旧的手机充电器。整个装置的接线如图 4.21 所示。将所有部件装入盒内，通电后
就能测量温 / 湿度值了，如图 4.22 所示。

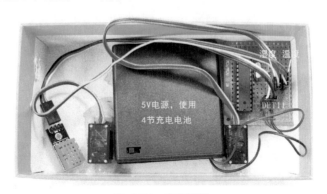

图 4.21　内部接线

图 4.22   测试效果

4.5   小结

把舵机作为指针的驱动器，构思很巧妙，使用相同的思路，我们也可以制作电压表、电流表等仪表。

在程序调试过程中如果遇到问题，在检查程序代码有没有错误的同时，也要考虑是否存在软件冲突，当没有办法解决冲突时，可考虑改变编程方法。

第 5 章 数字时钟

数字时钟是学习单片机的人都要练习的项目，时钟程序涉及计时、数码管的字形编码、动态扫描显示等功能。用文本式代码编写时钟程序对初学者来说比较困难，能否用ArduBlock图形化编程软件来编写时钟程序呢？这一章就和大家一起学习如何编写数字时钟的图形化代码。数字时钟使用带时钟冒号的4位一体式共阴极数码管显示"时"和"分"，并具有整点报时功能。

5.1 预备知识

最常用的LED数码管是将多个发光二极管封装在一起组成的"8"字形显示器件，引线已在内部连接完成，只需要引出它们的各个笔画、公共电极。LED数码管常用段数为7段，有的另加一个小数点，为8段，如图5.1所示。

图 5.1 LED 数码管

LED数码管根据LED接法的不同分为共阴极和共阳极两类，数码管引脚定义和接线如图5.2所示。编程时必须了解这些特性，以共阴极数码管为例，其公共端应接地，当某一字段LED的阳极为高电平时，对应字段就点亮，当阳极为低电平时，对应字段就熄灭。这样通过不同字段的高电平组合，就能显示不同的数字，例如b、c字段为高电平则显示数字1。如果用1表示高电平，用0表示低电平，各种数字对应字段的取值就是字形的编码，对于共阴极数码管，其字形编码见表5.1。8位并口的最后一位（即数字0端口）没有接线，数据设置为0。

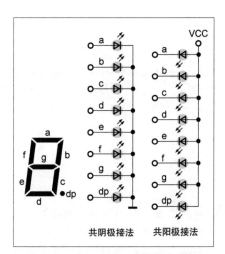

图 5.2　数码管引脚定义和接线图

表 5.1　共阴极数码管字形编码

数字	数码管字段电平								字形编码
	a	b	c	d	e	f	g	空	
0	1	1	1	1	1	1	0	0	b11111100
1	0	1	1	0	0	0	0	0	b01100000
2	1	1	0	1	1	0	1	0	b11011010
3	1	1	1	1	0	0	1	0	b11110010
4	0	1	1	0	0	1	1	0	b01100110
5	1	0	1	1	0	1	1	0	b10110110
6	1	0	1	1	1	1	1	0	b10111110
7	1	1	1	0	0	0	0	0	b11100000
8	1	1	1	1	1	1	1	0	b11111110
9	1	1	1	1	0	1	1	0	b11110110

　　本文使用的是 4 位一体式共阴极数码管，即 4 个数码管组合在一起，其外形和引脚编号如图 5.3 所示，内部接线如图 5.4 所示。从图中我们可以看出，4 个数码管相同的字段接在一起，每个数码管使用独立的公共端，这样可以让 4 个数码根据需要显示不同的数字。这是一个带时钟冒号的 4 位数码管，由于是时钟专用的，4 个小数点在内部没有接入，d1、d2 对应冒号。不同型号的数码管，接线方式可能有所不同，可使用指针式万用表的电阻挡或数字万用表的二极管挡进行测量，测量时应先找到公共端，再对其他各个字段进行判别，记录每一个引脚和点亮 LED 字段的对应关系，就可以画出接线图。

图 5.3   4 位数码管外形和引脚编号

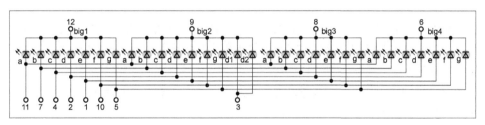

图 5.4   4 位数码管内部接线

5.2   硬件电路

为了减小数字时钟的体积，控制器使用 Arduino Nano，电路如图 5.5 所示。

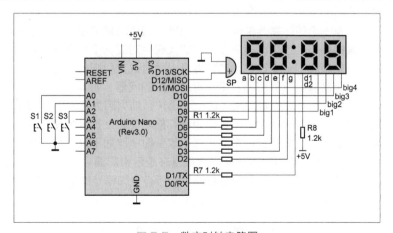

图 5.5   数字时钟电路图

数码管的字段 a ～ g 引脚分别通过限流电阻 R1 ～ R7 连接到 Arduino 的数字 D7 ～ D1 端口，数字 D0 端口不接，数字 D7 ～ D0 端口对应单片机内部的一个 8 位并行端口 D，把字段引脚接在同一个并行接口上可简化程序。冒号两个点通过限流电阻 R8 接 +5V。

数码管从高位到低位的 4 个公共端依次接在数字 D8 ～ D11 端口。

由于 4 位一体式数码管相同的字段接在一起，所以要同时显示 4 位数，必须采用动态扫描的方法。比如要显示 1234，先让并口 D 输出数字 1 的字形编码，数字 8 端口输出低电平，数字 D9 ～ D11 端口输出高电平，这样就只有第一位数显示 1，其他 3 位不显示，此状态保持一段时间；接下来并口 D 输出数字 2 的字形码，数字 D9 端口输出低电平，数字 D8、D11、D12 端口输出高电平，第二位数码管显示 2，其余 3 位不显示；依此类推，第三和第四位可分别显示 3 和 4。上述过程反复循环，即不断地依次显示 1、2、3、4，由于完成一个循环的时间设为 20ms，人的眼睛具有视觉暂留的功能，因此你看到的不是依次逐个显示的 4 个数，而是同时显示的 4 个数。

按钮开关 S1、S2、S3 用于调整时间，功能分别为功能切换、时间加、时间减。Arduino 的模拟输入端 A0、A1、A2 在电路中用作数字输入端口，并启用内部上拉电阻，这样就不需要在按钮输入端外接上拉电阻了，使能内部上拉电阻可通过程序设置实现。

SP 是工作电压为 5V 的有源蜂鸣器，当数字 12 端口为高电平时发声，用作整点报时，几点钟就响几声。

5.3 程序设计

由于数字时钟使用并行端口驱动数码管的字段，为了编程方便，图形化编程软件使用具有并口驱动模块的 ArduBlock 2015 版。程序由主程序、数码管动态扫描子程序、显示子程序、报时子程序、时间调整子程序等部分组成。

在编程之前，有一个问题需要说明，ArduBlock 2015 版将引脚编号设置成了一个小模块，可以单击选择编号，这个小模块在文本式代码中对应一个子程序，对引脚的参数进行设置，这是对以前版本的一个改进，这样做可以随时改变引脚的功能，增加了程序编写的灵活性，但当程序比较复杂时可能会带来意想不到的问题，如本文中对上拉电阻使能的初始化设置，在 3 个按钮对应的端口用了这个小模块，结果因为它对引脚的重新设置使初始化时的设置失效，而它又没有设置上拉电阻使能的功能，上拉电阻使能就失效了，必须外接上拉电阻。因此，当引脚在程序中的功能不改变时（比如不是一会儿作为输入，一会儿又作为输出），建议像以前的版本一样使用常量来表示引脚编号，例如把 D11 向左拉出编辑区删除，用常量 11 来代替它，下面程序里的所有引脚编号都做了这样的处理。

5.3.1 主程序

主程序主要完成计时和调用子程序的功能，程序如图 5.6 所示。

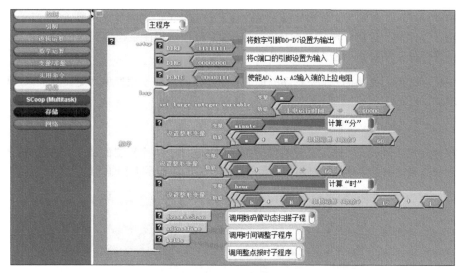

图 5.6　主程序

主程序初始化部分对并行端口D的功能进行了设置。在单片机中，对应并行端口D有3个I/O端口寄存器：（1）方向寄存器DDRD，其数据决定引脚的输出类型，当某一位数据设置为1时，对应的引脚为输入端；设置为0时，对应的引脚为输出端。（2）数据寄存器PORTD，其数据为输出引脚的输出电平，当某一位的数据设置为1时，对应的引脚输出高电平；设置为0时，对应的引脚输出低电平。在引脚被设置成输入端时，对应的位设置为1时，该引脚的内部上拉电阻使能（还需设置特殊功能寄存器SEIOR的PUD位为0，PUD默认状态为0）。（3）输入引脚寄存器PIND，这个寄存器为只读寄存器，当某一输入引脚接高电平时对应的位为1，接低电平时对应的位为0。程序中模块 ▨▨▨▨ 将并行端口D的8个引脚都设置成了输出引脚。

初始化部分也对3个按钮输入端所在的并行C端口进行了初始化，C端口也有3个对应的寄存器DDRC、PORTC、PINC，其作用和D端口的一样。Arduino Nano的模拟输入引脚A0 ~ A7在C端口。程序中模块 ▨▨▨▨ 将并行端口C的8个引脚都设置成了输入引脚，模块 ▨▨▨ 使A0、A1、A2各引脚的上拉电阻使能。

计时部分使用了"上电运行时间"模块，单位为毫秒，变量m用来记录运行时间，单位为分。变量M和H分别用来调整"分"和"时"，变量minute和hour分别为当前时间"分"和"时"，为了使minute取值范围为0 ~ 59，hour取值范围为1 ~ 12，程序中使用了取模运算，模数分别为60和12。取模后"时"的取值范围为0 ~ 11，为了正确地显示和报时，取模运算后的值必须加1，才能使表示"时"的变量hour的取值范围为1 ~ 12。

"上电运行时间"的最大值为$2^{32}-1$，约为49.7天，达到最大值后会自行复位，恢复为0，重新计时。由于最大值不是60000×60的倍数，因此时间计数在复位时会产生误差，有部分累计的时间丢失。经计算，由此会引起在复位瞬间时间突然慢2.79min，需重新调整一下时间，这种调整只需50天进行一次。可以写程序在检测到复位时进行自动修正，但程序就变复杂了，这里就不介绍了。

主程序的最后是调用3个子程序的模块，使用子程序可使程序编写更灵活，条理更清晰，增加了可读性。

5.3.2 数码管动态扫描子程序

程序如图5.7所示。这段程序的作用是将时间分解成4个独立的数字，依次向4个数码管的公共端输出低电平，通过调用显示子程序，分时段显示4个时间数字。

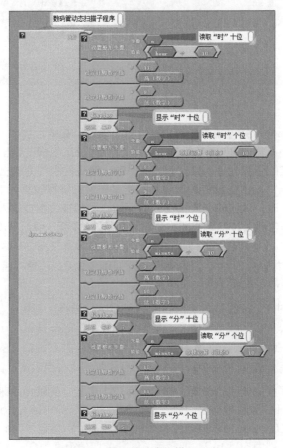

图 5.7 数码管动态扫描子程序

以显示"时"为例，如小时时间为12，12除以10结果为1（整数运算只取整数部分），数字"1"送第一个数码管显示5ms；接下来将12对10取模，结果为2（即12除以10的余数），数字"2"送第二个数码管显示5ms，这样前两位数码管就显示了12。显示"分"
的过程与显示"时"的过程类似，由后两位数码管显示。

程序通过变量n向显示子程序传递要显示的数。

5.3.3 显示子程序

显示数字时，要根据数字的值将对应的字形编码输出到单片机的并行端口D。显示4
个数字，这样的过程就要重复进行4次，为了简化程序，我们把这段程序编写成一段子程
序，显示4个数字只要调用4次，这就减少了3段程序代码。

程序如图5.8所示，使用了10个判断语句，根据数码管动态扫描子程序发送的变量n
确定对应的字形编码，输出到数码管显示相应的数字。

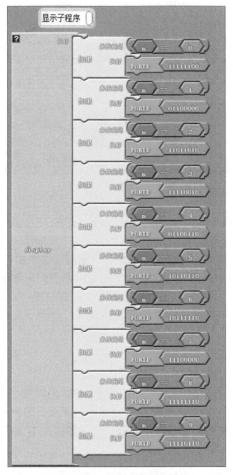

图 5.8　显示子程序

5.3.4 整点报时子程序

程序如图5.9所示。把时间变量hour发生变化作为触发报时的条件，为此增加一个变量hour0记录此前的时间，一旦hour和hour0不相等，就说明新的整点时间到了，这时把新的时间赋值给hour0，以便进行下一次的比较，同时根据hour的数值使蜂鸣器鸣响相应的次数。报时完成后，等待下一个整点的到来。

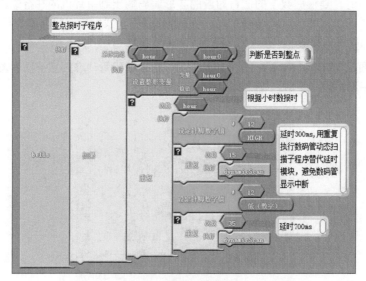

图 5.9　整点报时子程序

整点报时子程序中需要延时，如果直接使用延时模块，在延时期间程序会停留在此，停止执行其他代码，导致数码管动态扫描停止，结果是在这期间只有一个数码管是点亮的。因此，我们想办法用一个重复模块代替延时模块，在重复模块中执行数码管动态扫描子程序，做到延时、数码管动态扫描两不误。循环次数可根据需要的延时时间和数码管动态扫描一次所需要的时间确定，例如要延时300ms，数码管动态扫描一次时间约为20ms（主要由4个5ms的延时组成，其他指令执行的时间可忽略不计），可计算出循环次数约为15次。

报时模式为蜂鸣器响0.3s，停0.7s。

5.3.5 时间调整子程序

这个数字时钟的开机显示时间为"1:00"，除非你正好在1点钟打开电源，否则显示的时间将和当前的时间不一致，这就需要对时间进行调整，另外在走时出现误差时也要重新调整时间，这一功能由时间调整子程序实现，程序如图5.10所示。

由于按钮开关S1、S2、S3被按下时对应的输入端接地，为低电平，因此程序在判断按钮是否被按下时要在数字针脚模块前加非模块，如 。

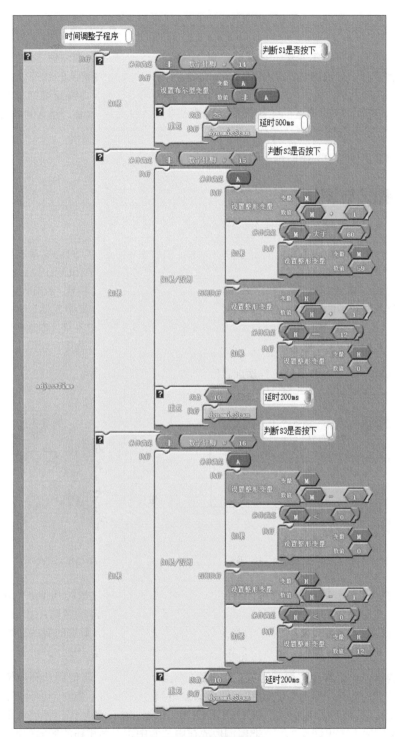

图 5.10　时间调整子程序

程序中变量A是布尔变量，它只有"真"（也可以用1表示）或"假"（也可以用0表示）两种状态，它的值由功能切换按钮S1改变，按一下S1，变量A的状态就会改变。当A的状态为"真"时，S2、S3用于调整"分"，按一下S2，分调整变量M加1；按一下S3，变量M减1。M的值返回主程序后，将会改变"分"的显示值。当A的状态为"假"时，S2、S3用于调整"时"，工作过程和调整"分"类似。

时间调整子程序中的延时也采用了重复模块。

5.4　装配与调试

如果只是做做试验，可使用面包板安装电路。

先介绍一下Arduino Nano，Arduino Nano和Arduino UNO的功能基本相同，能在Arduino UNO上运行的程序都能在Arduino Nano上运行。因为Arduino Nano用了32引脚TQFP封装的单片机ATmega328P或ATmega168，所以体积比Arduino UNO小得多。这种TQFP封装的单片机比PDIP封装的单片机多4个引脚，其中包括2个模拟输入端（A6、A7）。现在市面上的Arduino Nano大部分都使用ATmega328P，本文使用的就是这种型号的。在上传程序前要对所使用的控制器型号和单片机型号做好选择，如图5.11所示。

新的Arduino Nano要自己焊接配套的引脚，如图5.12所示。

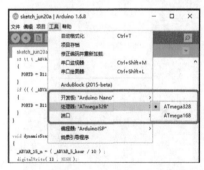

图 5.11　选择 Arduino Nano 控制器　　　　图 5.12　Arduino Nano

装配好的面包板数字时钟如图5.13所示，接线时应特别注意Arduino Nano的RX（DO）和TX（D1）的排列顺序和Arduino UNO的相反。上传程序到Arduino Nano。通电后，按S2、S3可调整"小时"，增加或减少小时后会报时，等报时完成后才能继续调整，这和机械时钟调时类似。按一下S1，再按S2、S3就能调整"分"了。

如果要制作一个实用的数字时钟，用电路板装配比较合适。若使用洞洞板装配，因连线较多，装配时要格外仔细。这里我们使用印制电路板（PCB）装配，设计好的PCB如图5.14所示。将其底层用激光打印机打印到热转印纸上，再用热转印机将热转印纸上的墨粉转印到覆铜板上（见图5.15）。把覆铜板放在腐蚀液中，没有墨粉的铜箔就被腐蚀掉了，清洗后打孔，做好的PCB如图5.16所示。

做好PCB后，接下来进行焊接装配，装配的顺序是先安装小零件和跳线，最后装配数码管和Arduino Nano控制器，装配好的电路板如图5.17所示。

图 5.13　面包板数字时钟

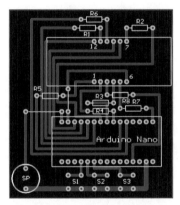

图 5.14　PCB 设计图

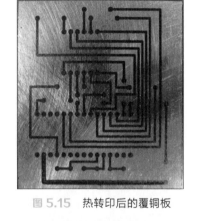

图 5.15　热转印后的覆铜板

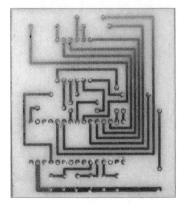

图 5.16　制作完成的 PCB

图 5.17　制作完成的数字时钟

用配套的USB连线接上5V电源适配器，数字时钟即可使用了。

5.5 小结

数字钟是学习编程时常用来练习的实例，通过这个作品的制作，我们学会了数码管的显示原理、动态扫描、字段码、计时方法等知识。

本章使用的数码管采用并口驱动，电路结构简单，但使用的端口比较多，程序也比较复杂，必要时可考虑使用串口驱动的数码管模块。

第 6 章　两轮蓝牙遥控小车

遥控小车通常为三轮或四轮结构，如果使用两轮结构，为了保持平衡不倒，还需要配置重力加速度传感器、陀螺仪，编程比较复杂。这一章介绍一种两轮蓝牙遥控小车，这辆小车采用大车轮的机械结构，车的重心在车轴下方，利用自身重力保持平衡，使用手机蓝牙遥控，具有结构新颖、制作简单的特点。

蓝牙小车视频
二维码

6.1　预备知识

6.1.1　蓝牙串口模块

蓝牙（Bluetooth）是一种近距离的无线数据传输技术，主要用于取代导线和红外线传输信号，蓝牙的通信距离比红外线长且没有方向要求，并可以穿透墙壁等屏障。它使用2.4~2.4835GHz的ISM波段的无线电波。现在的智能手机上都配有蓝牙模块，主要用于蓝牙耳机和数据传输。计算机使用的无线键盘和无线鼠标也是通过蓝牙传输数据的。

蓝牙遥控小车用的蓝牙设备是蓝牙串口模块，如图6.1所示，引出接口包括VCC、GND、TX、RX等，TX为信号发送端，使用时必须接另一个设备的RX端；RX为信号接收端，使用时必须接另一个设备的TX端。利用蓝牙串口模块，我们可以实现Arduino控制器和计算机、手机之间的无线串口通信。蓝牙串口模块未配对时工作电流约30mA，配对后工作电流约10mA，有效通信距离可达10m。

图 6.1　蓝牙串口模块

本文介绍的两轮蓝牙遥控小车使用手机蓝牙控制，在手机上安装遥控App后即可对小车实现遥控。蓝牙串口模块有主机和从机之分，相互通信的一对必须一个是主机，另一个是从机。在这里，手机蓝牙是主机，小车上的蓝牙串口模块必须用从机模块。

6.1.2　360°舵机

两轮蓝牙遥控小车使用360°舵机作驱动电机。

360°舵机怎么能作为小车的动力电机呢？普通舵机能够旋转到指定的角度，角度范围为0°~180°。360°舵机是一个可以连续旋转的电机，所以也称连续旋转舵机，我们可以这样理解它的原理：把一个普通舵机电位器调到中间90°的位置，去除电位器和齿轮的联动，控制电路不变，它就成了一个360°舵机了。简而言之，360°舵机是去掉反馈系统的舵机，电位器失去了角度传感器的作用，PWM控制信号和普通舵机一样。360°舵机的接口功能也和普通舵机一样，如图6.2所示。

图 6.2　360°舵机

360°舵机的驱动方法和普通舵机一样，所不同的是它只能连续旋转，不能定位。如果驱动指定的角度为90°，因为电位器就在90°的位置上，控制电路得到的电位差为0，所以电机不转动。如果指定的角度大于90°，则电机正转（顺时针方向），由于电机和电位器之间没有联动了，控制电路永远检测不到电机已转到指定的角度，即电位差不会为0，因此电机就会不停地转下去，试图转到指定的角度。指定角度和90°偏差越大，转速越快，指定角度为180°时正转最快。如果指定的角度小于90°，则电机反转（逆时针方向），同样，指定角度和90°偏差越大，转速越快，指定角度为0°时反转最快。这样，我们通过控制360°舵机的指定角度就可以控制它的转速和旋转方向了。

市场上出售的360°舵机基本上都是由普通舵机改装的，20元左右一个，我们可以直接买来使用，如果手头有普通舵机，也可以自己改装，下面介绍一下改装方法。

首先旋下舵机的4颗固定螺丝，打开机壳，如图6.3所示。松开电位器的固定装置，取下电位器，如图6.4所示。拔掉齿轮上的限位销，如图6.5所示。焊下电位器引线，拆除电位器，把1个5kΩ立式电位器焊接在原电位器的接点上，如图6.6所示。在对应电位器位置的外壳上开一个4mm的调节孔，用于在外部调节电位器，重新装配舵机，至此360°舵机就改装好了，如图6.7所示。

图 6.3　拆开的舵机

图 6.4　取下电位器

图 6.5　拔掉齿轮上的限位销

图 6.6　焊接调节电位器

图 6.7　改装完成的 360° 舵机

6.2　硬件电路

两轮蓝牙遥控小车的控制电路如图 6.8 所示。

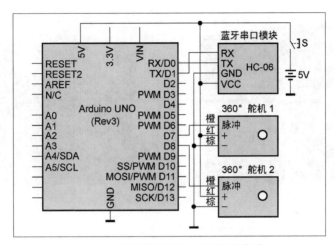

图 6.8　两轮蓝牙遥控小车的控制电路

蓝牙的串口TX、RX分别和Arduino的串口RX、TX连接，把手机发送的指令传输给Arduino控制器，通过360°电机控制小车运动。

360°舵机作为减速电机使用，省去了电机驱动电路，使电路变得十分简单，每个车轮使用一个电机驱动，通过控制两个电机的转速和方向，控制小车完成前进、后退、左转、右转、停止等动作。

电路使用4节AA镍氢充电电池作为电源。Arduino控制器、蓝牙模块、360°舵机均直接接5V直流电源。Arduino的供电方式有3种：一是通过USB接口用5V电池供电，二是通过电源插座接口或Vin端用7~12V直流电源供电，这两种方式用在小车上都不太方便，这里采用第三种方式：直接将5V直流电源接在Arduino控制器的5V输出端供电。因为舵机的工作电流不是太大，所以可以和Arduino控制器使用同一电源。

6.3　程序设计

程序由Arduino程序和手机App两部分组成。

6.3.1　Arduino程序

在ArduBlock中，舵机对应的程序模块是"伺服"（舵机也称伺服电机），360°舵机对应的程序模块是"360°舵机"，如图6.9所示。虽然是两个模块，但是它们对应的文本代码完全一样，可以用"伺服"模块替代"360°舵机"模块。使用"360°舵机"模块只是为了提示所驱动的是360°舵机，以示区别。

"360°舵机"模块有两个参数，第一个参数是PWM控制端所接的引脚，第二个参数是角度，用来控制360°舵机的转动方向和转速。

图 6.9　代码模块

　　新买的360°舵机虽然在出厂时已经调试好，保证在控制参数为90°时电机不转动，但拿到手时往往会有误差，因此在使用前必须重新调整。图6.10所示是用于调试的程序，360°舵机和Arduino控制器的连接如图6.11所示。上传程序后，如果发现电机在转动，可用小螺丝刀仔细调节360°舵机中的电位器，直至电机停止转动。对应电机停止转动，电位器有一个角度范围，应将电位器仔细调整到这个角度范围的中间值。

图 6.10　90°调试程序

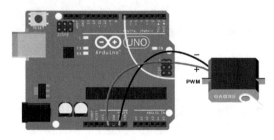

图 6.11　360°舵机调试连接图

接下来介绍小车程序，程序由遥控指令接收和360°舵机控制两部分组成，如图6.12所示。遥控指令接收就是从Arduino串口接收由蓝牙模块接收到的指令，再将指令传递给控制程序。指令参数为1、2、3、4、5，分别对应前进、后退、左转、右转、停止。控制程序采用条件判断模块，根据接收到的数据做出相应的操作。因为两个电机是相互反向安装，所以小车前进或后退时，两个电机的旋转方向是相反的。

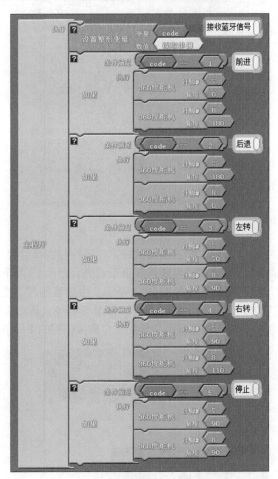

图 6.12　Arduino 程序

6.3.2　手机App

手机端控制软件有5个按键，分别为前进、后退、左转、右转、停止，按键时对应发送字符1~5，即按"前进"发送1，按"后退"发送2，依此类推。

软件使用Google的App Inventor 2开发工具编写。App Inventor是一个完全

在线开发的Android编程环境，它通过可视化的指令模块来编程，目前国内MIT App Inventor服务器的地址是http://app.gzjkw.net，在网站注册后就可以在线编程了。

遥控小车程序"组件设计"界面如图6.13所示，"逻辑设计"界面如图6.14所示，设计时先进行组件设计，再进行逻辑设计，具体的设计过程就不详细介绍了。程序设计完成后，打包apk安装文件，在手机上安装后，就会在桌面上形成一个快捷方式，如图6.15所示，App的界面如图6.16所示。

图 6.13　组件设计

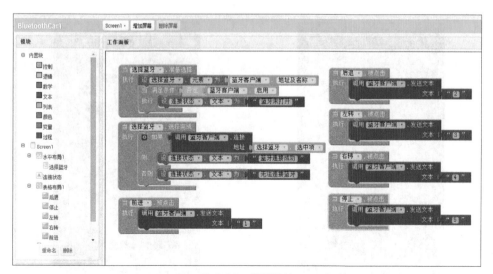

图 6.14　逻辑设计

上面的App是作者专门为蓝牙遥控小车编写的，我们也可以使用通用的安卓手机版蓝牙串口软件，如"SPP蓝牙串口"。运行软件后，将其切换到"键盘"模式，它有12个按钮可供定义，按住一个按钮不放，就会弹出一个设置窗口，输入按钮的名称和要发送的信息，按"确定"即可设置一个按键，如图6.17所示。比如输入"前进"，发送信息为字符"1"，即可设置小车的"前进"指令按钮。全部按钮设置好的界面如图6.18所示。

图 6.15　App 快捷方式

图 6.16　App 界面

图 6.17　按钮设置

图 6.18　设置好所有按钮的界面

6.4　小车制作

元器件清单见表6.1。

表6.1　元器件清单

序号	名称	规格/型号	数量
1	Arduino 控制器	Arduino UNO	1
2	蓝牙串口模块	HC-6	1
3	360° 舵机	使用 MG996R 改装	2
4	电源开关		1
5	面包板	35mm × 45mm	1
6	车轮	3D 打印	2
7	小车底盘	用有机玻璃自制	1
8	充电电池	AA镍氢电池	4
9	电池盒		1

车轮的3D模型如图6.19所示，车轮半径为65mm，宽度为8mm，可使用ABS或PLA材料打印。打印好的车轮如图6.20所示。

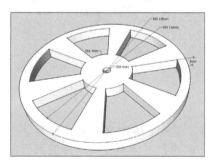

图 6.19　车轮 3D 模型

图 6.20　打印好的车轮

用有机玻璃制作的小车底盘（90mm×130mm）如图6.21所示。将Arduino控制器等装在底盘上面，如图6.22所示。将电池盒装在底盘下面，以降低重心。将360°舵机的轴用螺丝固定在车轮上，如图6.23所示。然后再将360°舵机装配在底盘上，如图6.24所示。Arduino控制器、蓝牙串口模块、360°舵机之间可使用洞洞板或小面包板连接，这里使用了小面包板，360°舵机要通过插针

图 6.21　有机玻璃底盘

连接到面包板。装配好的两轮蓝牙遥控小车如图6.25所示。

图 6.22　安装 Arduino 控制器

图 6.23　车轮组装

图 6.24　固定 360° 舵机

图 6.25　装配好的两轮蓝牙遥控小车

6.5　调试与使用

　　断开电源，用USB线连接计算机上传程序。注意上传程序前要断开蓝牙模块的TX、RX接线，因为蓝牙通信也使用了Arduino的串口，会造成串口冲突而无法上传程序。

　　上传完程序后，重新接上TX、RX连线，接通电源，可以看到蓝牙模块的指示灯在闪烁，说明它还没有配对，接下来将它和手机蓝牙进行配对，过程如下。

　　（1）打开手机蓝牙，就能搜索到小车的蓝牙模块，如图6.26所示。

　　（2）点击找到的蓝牙模块HC-6进行配对，如图6.27所示。配对成功后，HC-6会出现在"已配对的蓝牙"列表中，如图6.28所示。

　　上述工作在同一手机上只需做一次。

图 6.26　搜索蓝牙模块　　　　图 6.27　蓝牙模块配对　　　　图 6.28　配对成功

退出设置，打开手机端遥控App，点出"选择蓝牙"，在弹出的窗口中选择刚才配对的蓝牙HC-6，如图6.29所示。成功后会自动返回主界面，显示连接成功，如图6.30所示。如果蓝牙模块连接不上，请检查其接线有无问题。

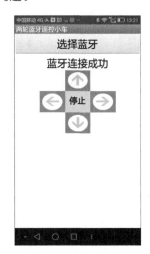

图 6.29　选择蓝牙　　　　　　图 6.30　连接成功

蓝牙模块连接成功后，其指示灯呈现常亮状态，这时点击"前进""后退""停止"等按钮就可以控制小车的运动了。如果发现运动方向和按键不一致，说明两个电机接错位置了，只要对调一下接线即可。

在使用过程中，读者可根据实际情况和喜好修改程序中的参数，比如现在程序中转弯是采取一个电机转动、一个电机停止的方式，转弯半径较小；可以修改成两个电机都转动，但存在转速差的方式，增大转弯半径；也可以修改成两个电机一个向前运动，一个向后运动，实现原地转弯。

6.6　小结

遥控小车采用两轮设计，由于采用低重心结构，简化了设计。它使用手机通过蓝牙进行控制，手机端的 App 也是使用图形化编程工具制作的。小车使用 360° 舵机作为驱动电机，简化了电路，降低了程序设计难度。

这个小车也可以考虑使用红外遥控方式控制。

第 7 章 智能小车

　　智能小车实质上是轮式机器人，它不同于其他Arduino制作项目，它既可以移动，又可以根据周围环境做出反应。这一章我们学习做一辆智能小车，用ArduBlock图形化编程实现红外线避障、循线、悬停等功能。

7.1　预备知识

7.1.1　红外传感器

　　小车的循线传感器和悬停传感器均使用TCRT5000红外反射传感器，如图7.1所示。当传感器的红外发射二极管发射的红外线没有被反射回来或被反射回来但强度较小时，光敏三极管就处于关断或接近关断状态，此时模块的数字输出端DO输出高电平，开关指示绿色LED熄灭；当被检测物体出现在检测范围内时，红外线被反射回来的强度足够大，光敏三极管饱和，此时模块的DO输出低电平，绿色LED点亮。传感器的模拟输出端A0输出的模拟电压和光敏三极管接收到的红外线强度成反比。本章使用传感器的数字输出端DO，模块上的电位器可调节传感器的灵敏度。

图 7.1　TCRT5000 红外反射传感器

7.1.2 红外测距传感器

红外测距传感器使用的是Sharp公司的GP2Y0A21YK0F，如图7.2所示。它是由红外发射管、PSD（Position Sensing Device，位置敏感检测装置）以及相应的电路构成的，PSD可以检测到光点落在它上面的微小位移，分辨率可达微米级，利用这个特性可实现使用几何方式测距。

图 7.2　红外测距传感器

红外测距传感器的测距基于三角测量原理。红外发射管按照一定的角度发射红外光束，当遇到物体以后，光束会被反射回来，如图7.3所示。被反射回来的红外光线被CCD检测到以后，会获得一个偏移值L，偏移值L跟物体的距离D有关，距离D越大，L的值越小。在知道了发射角度α、偏移值L、中心矩X，以及滤镜的焦距f后，传感器到物体的距离D就可以通过几何关系计算出来了。

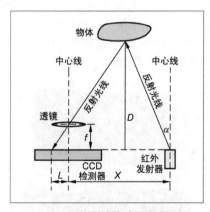

图 7.3　红外测距传感器测量原理

从图7.3可以看出，当物体足够近时，L值会相当大，超出CCD的探测范围。当物体的距离D很大时，L值就会很小，这时CCD的分辨率决定能不能获得足够精确的L值。要检测越远的物体，CCD的分辨率要求就越高。因此每种型号的红外测距传感器根据制造参数的不同，都对应了一定的测量范围。GP2Y0A21YK0F的测量范围为10～80cm，对应输出2.5～0.4V模拟信号，模拟电压与反射物体距离的关系如图7.4所示，可见两者成反比非线性关系。在智能小车中使用时，我们只要查到几个固定距离对应的值即可。

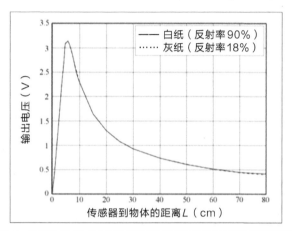

图 7.4　GP2Y0A21YK0F 模拟输出电压与反射物体距离的关系

7.1.3　直流电机驱动模块

智能小车使用带变速箱的直流减速电机，工作电压为3～6V。

直流电机的工作电流较大，Arduino控制器的输出端口无法直接驱动，这里使用L9110电机驱动模块驱动电机，如图7.5所示。每个模块使用两片H桥L9110集成电路驱动两个电机。L9110的电源电压范围为2.5～12V，每个通道具有800mA连续电流输出能力。

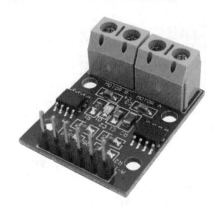

图 7.5　L9110 电机驱动模块

L9110的引脚功能见表7.1。当IA为高电平、IB为低电平时，直流电机反转；当IA

为低电平、IB 为高电平时，直流电机正转。使用中可以用 IA 输入 PWM 信号控制电机的转速，IB 输入高、低电平控制电机的旋转方向。当 IB 为低电平时，电机反转，IA 输入的 PWM 信号占空比越大，电机的转速越大；当 IB 为高电平时，电机正转，IA 输入的 PWM 信号占空比越大，电机的转速越小。

表 7.1 L9110 的引脚功能

序号	符号	功能	序号	符号	功能
1	OA	A 路输出引脚	5	GND	地线
2	VCC	电源正	6	IA	A 路输入引脚
3	VCC	电源正	7	IB	B 路输入引脚
4	OB	B 路输出引脚	8	GND	地线

7.2 硬件电路

智能小车的电路如图 7.6 所示。Arduino 控制器的 D3 ~ D6 接 L9110 电机驱动模块，其中 D3、D4 作数字输出，分别控制两个电机的旋转方向；D5、D6 作模拟输出，分别控制两个电机的转速。

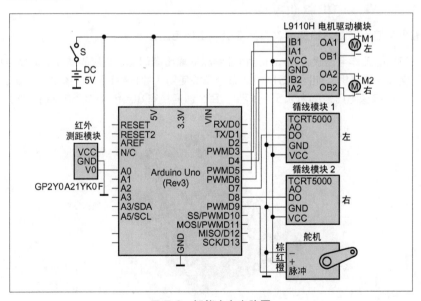

图 7.6 智能小车电路图

两个循线传感器的数字输出端分别接 Arduino 控制器的 D7、D8，当两个传感器都在黑线上时，均输出高电平；当某个传感器不在黑线上时，则对应输出低电平。Arduino 控制器根据两个输出端的输出状态，就能通过两个电机让小车做出相应的动作，保证小车走在黑线上。

红外测距传感器是用来避障的，它的模拟输出端 VO 接 Arduino 控制器的模拟输入端 A0。红外测距传感器安装在舵机上，通过舵机控制其测量方向，在通常情况下，测量前方和左方、右方障碍物的距离，根据测量数据决定小车的行进方向。

7.3　小车制作

7.3.1　安装小车底盘

小车底盘使用从网上买的套件装配，套件所包含的主要部件见表 7.2。

表7.2　小车底盘套件主要部件

名　称	数　量
3mm 厚亚克力底盘	1 块
直流减速电机	2 个（减速比为 1:48）
直径 65mm 橡胶轮	2 个
直径 1 英寸（25.4mm）万向轮	1 个（配铜柱螺丝）
码盘	2 个
固定件	2 套（配螺丝）

按图纸装配小车底盘，并安装好开关和电池盒，如图 7.7 所示。码盘本次用不上，但装上以备今后使用。

图 7.7　安装小车底盘

7.3.2　安装 Arduino 控制器和传感器

在底盘上用螺丝固定 Arduino UNO 控制器，为了接线方便，在 Arduino UNO 上面加接了一个扩展板，如图 7.8 所示。

L9110电机驱动模块和红外反射传感器装在小车底盘的反面，如图7.9所示。安装红外反射传感器时要注意让它尽量靠近地面，和地面的距离要小于1cm（可通过改变用于固定的铜柱长度来调整）。

图 7.8 安装 Arduino 控制器和扩展板

图 7.9 安装底部传感器

安装舵机和红外测距传感器时使用了3D打印的支架，如图7.10所示。为了让传感器免受撞击，在车前装了一个3D打印的保险杠，安装好后如图7.11所示。

图 7.10 3D 打印支架

图 7.11 安装舵机和红外测距传感器

用杜邦线连接各模块和Arduino控制器，焊接电机连线。在用杜邦线连接时要注意两边的线序是否一致，比如TCRT5000红外反射传感器要用的3个端口的顺序为VCC、GND、DO，而Arduino扩展板上端口对应插座的顺序为G（GND）、V（VCC）、S，因此如果使用3Pin的杜邦线，接线时就要将一端的VCC和GND调换一下位置，如图7.12所示。红外测距传感器插座的接口和Arduino扩展板上插座的接口不一样，可用对应两种接口的连线对接一下。

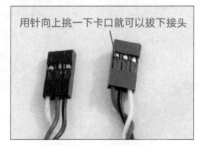
用针向上挑一下卡口就可以拔下接头
图 7.12 调整接线顺序

在电源正极连线中接入电源开关，将电源正极、负极接入Arduino扩展板的电源输入端即可。

安装好的智能小车正面、反面分别如图7.13和图7.14所示。

图 7.13　智能小车正面

图 7.14　智能小车反面

7.4　程序设计与小车调试

　　下面分别进行红外避障、循线、悬停功能的编程与小车调试，使用ArduBlock教育版编程。

7.4.1　红外避障

　　小车的最小避障距离定为10cm，当测试距离小于10cm时，小车停止运行，并后退一段距离；如果大于等于10cm且小于20cm，则转动舵机分别测量左方和右方障碍物的距离，并比较两个距离的大小，然后让小车向障碍物距离较大的方向前进，避开障碍物；当前方障碍物距离大于等于20cm时，小车继续前进，每100ms检测一次前方障碍物距离。

避障视频
二维码

　　由于红外测距传感器输出的是跟测量距离成反比的模拟值，而且不成线性关系，所以我们要用如图7.15所示的程序，通过串口监视器测量传感器离障碍物距离10cm和20cm时对应的模拟输出值，在编写程序时用作判断值。测量结果如图7.16所示，从图中可以看出：10cm对应的值约为465，20cm对应的值约为240。编程时要注意，距离越小，模拟值越大；当输出模拟值大于465时，距离小于10cm；当输出模拟值小于240时，距离大于20cm。

图 7.15　测量距离参数

红外避障程序由红外避障主程序和前进、后退、左转、右转、停止5个子程序组成。

红外避障主程序如图7.17所示。

图 7.16　距离参数测量值

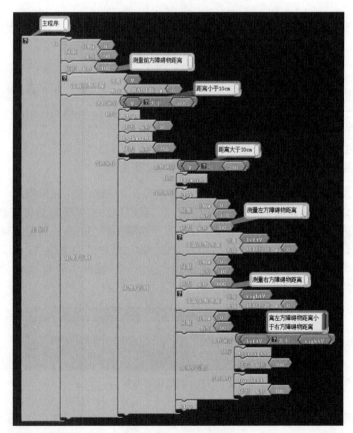

图 7.17　避障主程序

红外避障子程序如图7.18所示，我们可以通过设置5、6两个模拟输入的值改变两个电机的速度。程序中左转和右转采用原地旋转的方式，即一个车轮向前转，一个车轮向后转。

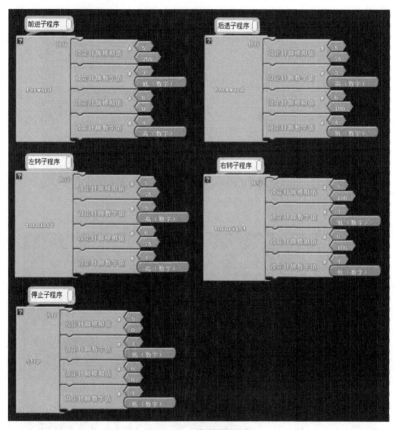

图 7.18　避障子程序

将程序上传到小车中，打开电源，看小车是否前进，如果小车后退或原地打转，说明电机的接线有误，对调相应电机的两根接线即可。电机转动方向正确后，再在运行场地上放置一些障碍物，如果小车运行时能避开，说明功能正常。

7.4.2　循线

循线主程序如图7.19所示，两个循线传感器的输出状态跟传感器和黑线的位置关系相关，小车根据各种状态做出相应的动作，如果两个传感器都在黑线上则前进；如果有一个传感器不在黑线上，则向另一个传感器所在的一边转弯。

循线子程序如图7.20所示，循线子程序和红外避障子程序不同之处是

循线视频二维码

转弯不是原地旋转，而是两个车轮采用相同的运动方向，利用速度差转弯，这种方式有一定的转弯半径，比较符合小车循线时的运动规律，另外不需要停止和后退子程序。

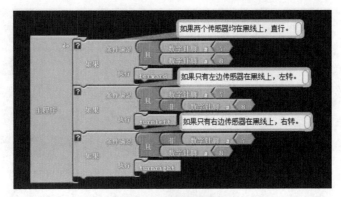

图 7.19　循线主程序

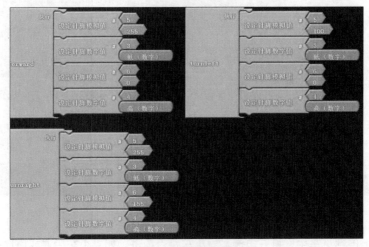

图 7.20　循线子程序

上传程序后，将小车放在黑线上运行，根据运行状态适当调整程序中转弯时两个电机的速度差，以达到最佳的运行效果。

7.4.3　悬停

悬停就是将小车放在桌子等平台上，当小车走到平台的边缘时即能停车，并倒退转弯，继续前进。这里和循线一样使用红外反射传感器作为悬停传感器，传感器的安装位置要改变一下，分别将两个传感器装在小车的左前方和右前方，如图 7.21 所示。当小车在平台上行驶时，因存在正常的

悬停视频二维码

红外线反射，传感器输出低电平，小车不改变其工作状态；当小车行驶到平台的边缘时，只要装在前端的两个传感器中有一个超出了平台，因接收不到红外线反射，传感器输出高电平，小车就先倒退，接下来再根据两个传感器的状态决定向哪个方向转弯。如果是小车右边的传感器先超出平台，则小车向左转弯行驶；如果是左边的传感器先超出平台边缘或两个传感器同时超出平台边缘（这种情况极少发生），则小车向右转弯行驶。

图 7.21　安装悬停传感器

悬停主程序如图 7.22 所示，悬停子程序和红外避障子程序结构一样，只是把速度做了一些调整，如图 7.23 所示。

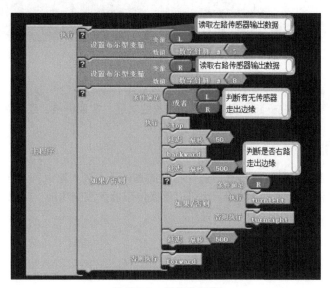

图 7.22　悬停主程序

上传程序，将小车放在一个反光较好的平台上测试，最开始时注意采取一些保护措施，适当调整小车走到边缘时倒退和转弯的时间，以使其达到满意的工作状态。

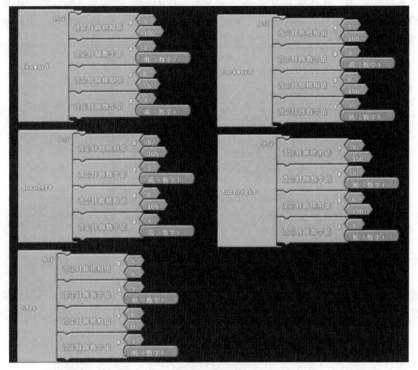

图 7.23　悬停子程序

以上讲了智能小车的 3 种基本应用，在此基础上，读者可以开发出自己的应用，比如把避障和悬停功能结合在一起，更换传感器，改变功能，实现声控、红外遥控等功能。

7.5　小结

本章介绍了智能小车的 3 种基本应用，在此基础上，读者可以开发自己喜欢的应用，比如把避障和悬停结合在一起使用；也可以更换传感器来改变功能，实现声控、红外遥控等功能。

第 8 章　红外遥控多功能插座

　　智能插座是智能家居最常用的设备之一，它可以通过网络实现远程控制。目前用 ArduBlock 对通过网络控制的插座进行图形化编程还有困难，因为 ArduBlock 还没有配备相应的网络程序模块，但是我们可以用蓝牙或红外遥控功能制作一个简易的智能插座。这一章就介绍一个红外遥控多功能插座，它除了可以实现红外遥控外，还可以定时断电。只要将用电器插在这个插座上，就可以实现相关的控制了。

8.1　预备知识

　　红外线也称红外光，在电磁波谱中，光波的波长范围为 $0.01 \sim 1000\,\mu\mathrm{m}$。其中波长为 $0.38 \sim 0.76\,\mu\mathrm{m}$ 的光波为可见光，波长为 $0.76 \sim 1000\,\mu\mathrm{m}$ 的光波为红外线。红外遥控是利用波长为 $0.94\,\mu\mathrm{m}$ 左右的红外线传送遥控指令的。

　　红外遥控发射电路一般由按键、指令编码系统、调制电路、驱动电路、发射电路等几部分组成。当按下按键时，指令编码电路产生所需的指令编码信号，编码信号对载波进行调制，经过调制的信号由驱动电路进行功率放大，然后通过红外发光二极管向外发射。

　　红外遥控接收电路一般由红外接收电路、放大电路、解调电路、指令译码电路、驱动电路、执行电路（如继电器）等几部分组成。接收电路将发射器发出的已调制的编码指令信号接收下来，进行放大后送至解调电路，还原为编码信号。指令译码器将指令编码信号进行译码，最后由驱动电路驱动执行电路实现指令的操作控制。

　　主流的红外遥控编码传输协议有十多种，其中 NEC 协议在国内应用得最为广泛。NEC 协议指令为 8 位地址码和 8 位数据码，载波频率为 38kHz，采用脉冲间隔调制。

　　一种常和 Arduino 配套使用的遥控器如图 8.1 所示。按下发射器按键后，即有遥控编码发出，所按的键不同，遥控编码的数据也不同。

　　红外接收一般采用红外一体化接收头，如 HS0038，它能同时对信号进行放大、检波、整形，并且输出 TTL 电平的编码信号，接收红外信号的频率为 38kHz。HS0038 的外观如图 8.2 所示。

图 8.1 常用的红外遥控器

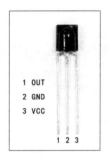

图 8.2 HS0038

8.2 硬件电路

红外遥控多功能插座的电路如图 8.3 所示。由于控制电路要装在插座内，因此使用了微型的 Arduino Pro Mini 控制器。

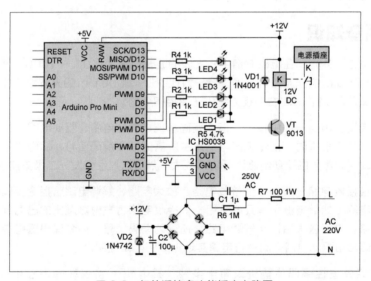

图 8.3 红外遥控多功能插座电路图

红外遥控器使用 3 个键作为控制键，一个键控制电源开关，两个键用来设置定时时间。红外遥控器发出的遥控信号经 HS0038 接收并处理后输出编码信号给 Arduino 的引脚 D2，由 Arduino 译码。

如果发送的是控制开关的指令，Arduino 数字引脚 D3 输出高电平，通过 R5 给三极管

VT提供基极电流使其导通，继电器加电吸合，其常开触点闭合，插座被接通电源；如果再次发送控制开关的指令，则Arduino引脚D3输出低电平，三极管VT截止，继电器释放，常开触点断开，插座断电。

红外遥控器上设置时间的两个键分别为"时间加"和"时间减"，开机后的初始定时时间为0，用4个LED显示4位二进制数，用来显示时间。如果把时间单位设置为5min，则定时时间最短为5min（对应二进数1），最长为75min（对应二进数1111）。时间单位大小可根据需要在程序中设置。设置时间后，Arduino引脚D3输出高电平，插座通电，随后进入倒计时；当计时为0时，所有LED熄灭，引脚D3输出低电平，插座断电。

控制电路的电源采用电容降压型直流稳压电源，这种电源没有变压器，结构非常简单，具有体积小、成本低、效率高等特点。电路由降压电容、限流、整流滤波和稳压分流等电路组成。

C1为降压电容，此电容在电路中只产生容抗，不消耗能量。当C1的容量为1μF、交流电电压为220V时，电源能提供的电流约为65mA。R7是限流电阻，防止在接通电源的瞬间C1产生大的充电电流，以保证电路的安全。R6为C1的放电电阻，防止切断电源后C1上的高压无放电回路而不能泄放。整流桥和电容C2组成全波整流滤波电路，将交流电转换为平滑直流电。

电容降压电源基本上可以看作一个恒流源，当负载电流减小时会引起电压的急剧增加，因此用12V稳压二极管VD1构成并联式稳压电路，输出12V直流电源。12V直流电源一路作继电器的工作电源，另一路接到Arduino Pro Mini的外接电压输入端RAW。Arduino Pro Mini内部有一个稳压电源电路，经其稳压后得到5V直流电压，作Arduino Pro Mini的工作电源，同时在VCC端输出5V直流电源，为红外一体化接收头HS0038供电。

8.3 程序设计

8.3.1 获取遥控器按键编码

红外遥控多功能插座的遥控器可以选用Arduino配套的遥控器，也可以选用电视机或机顶盒的遥控器，选择遥控器上的3个键作功能控制键，在编程时需要知道这些键发出的编码。将Arduino UNO和HS0038按图8.4所示搭建一个红外接收电路，HS0038的输出端接Arduino的引脚D2。

接下来上传图8.5所示的程序，打开串口监视器，用遥控器对着HS0038发送信号，我们就可以在串口监视器中看到编码数据了，如图8.6所示，图中对应的是Arduino配套遥控器"CH""+""-"键的编码。在程序中，我们将"CH"作为"开关"键，"+"作为定时"时间加"键，"-"作为定时"时间减"键。

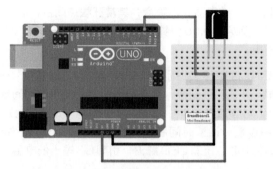

图 8.4 红外接收电路连接示意图

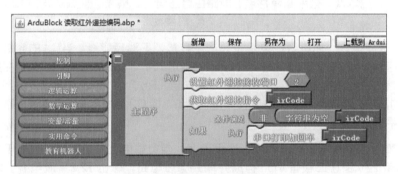

图 8.5 读取红外遥控编码程序

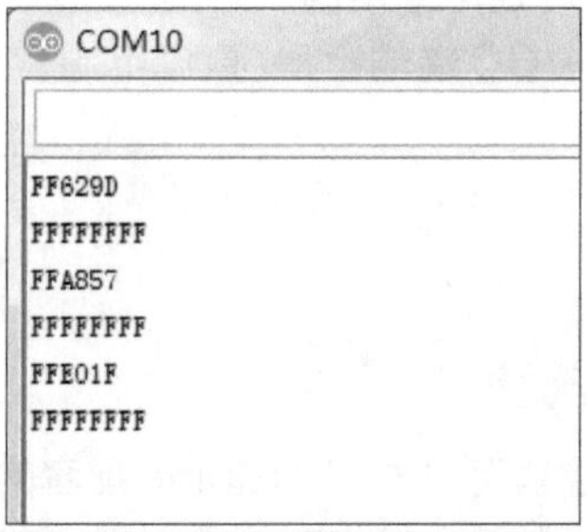

图 8.6 Arduino 接收到的编码数据

在图 8.6 中我们看到有 "FFFFFFFF"，这是为什么呢？原来基于 NEC 协议的遥控器按下按键后只发送一次指令编码，如果按下键不放，则会连续发送 "FFFFFFFF"。

8.3.2 主程序和子程序

获取了按键的编码，就可以设计程序了，程序由主程序、键盘处理子程序、继电器控制子程序和 LED 显示子程序组成。

主程序的主要功能为红外编码接收和调用子程序，变量irCode用来存储接收到的红外编码。主程序如图8.7所示。

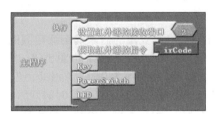

图 8.7　主程序

键盘处理子程序主要对3个键的指令进行处理，如图8.8所示。程序中有3个变量：

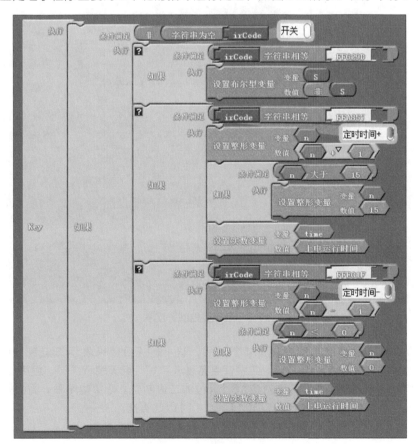

图 8.8　键盘处理子程序

布尔变量 S 用来记录"开关"键的状态,按一下开关,其状态为"真",再按一下,状态为"假",如此反复;整数变量 n 用于确定定时时间,其大小由定时时间控制键调节;实数变量 time 用来记录机器运行时间。

继电器控制子程序主要根据 3 个变量的值来确定继电器的工作状态,如图 8.9 所示。程序设置成定时状态时,限制"开关"键的功能,以免出错。每过 300000ms,即 5min,变量 n 的值减 1,起到计时的作用。当 n 不为 0 时,Arduino 的引脚 D3 输出高电平,继电器吸合;当 n 减至 0 时,继电器释放,定时结束,定时时间为 n×5min。插座不设置成定时状态时,n 的值为 0,继电器受"开关"键的控制,当 S 为"真"时,继电器吸合;当 S 为"假"时,继电器释放。

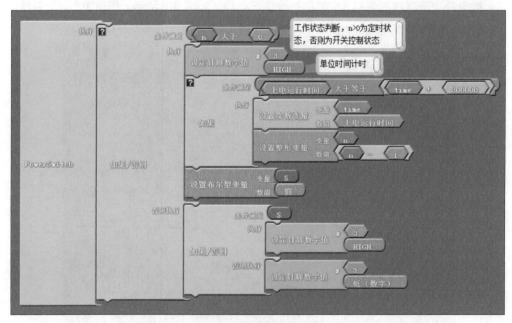

图 8.9 继电器控制子程序

LED 显示子程序的功能是驱动 4 个 LED,这 4 个 LED 用来表示二进制数 0000 ~ 1111,对应的十进数值为 0 ~ 15。二极管点亮表示"1",熄灭表示"0"。程序如图 8.10 所示,共有 16 个判断模块,分别对应 16 个 4 位的二进制数。因篇幅所限,图中只展示了显示 0000、0001、0010 的代码,0011 ~ 1111 以此类推。

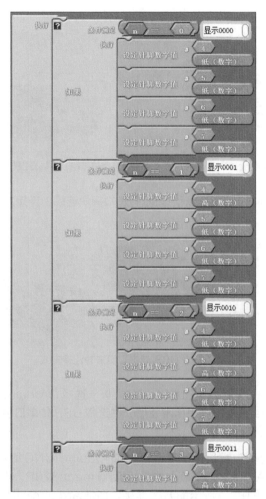

图 8.10　LED 显示子程序

8.4　安装、调试与使用

8.4.1　上传程序

给 Arduino Pro Mini 焊接好插针，如图 8.11 所示，其中有几根插针是用于上传程序的。

由于 Arduino Pro Mini 电路板上没有自带 USB 转串口芯片，因此上传程序时必须使用 USB 转串口模块，图 8.12 所示是使用 FT232RL 芯片的 USB 转串口模块，使用前要安装 FT232RL 芯片的驱动程序。驱动程序安装完成后，在计算机"控制面板"的"设备"中就能看到它对应的虚拟串口（COM）了。

图 8.11　Arduino Pro Mini

图 8.12　FT232RL USB 转串口模块

将 Arduino Pro Mini 用杜邦线和 USB 转串口模块连接，连接方式如图 8.13 所示。

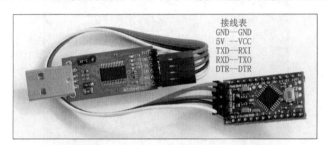

图 8.13　USB 转串口模块的连接方式

连接好后，将模块接到计算机的 USB 接口，板卡选择"Arduino Pro or Pro Mini"，处理器选择"ATmega328（5V 16MHz）"，并选择 USB 转串口模块对应的串口号，单击"上传"按钮即可上传程序了。

如果没有 USB 转串口模块，也可以用一块 Arduino UNO 给 Arduino Pro Mini 上传程序，方法是拔下 Arduino UNO 上的单片机 ATmega328P，再将 Arduino UNO 和 Arduino Pro Mini 按图 8.14 所示的方式连接，即把 Arduino UNO 当"USB 转串口模块"用。上传程序时，端口选 Arduino UNO 对应的串口，板卡选择"Arduino Pro or Pro Mini"，如图 8.15 所示。注意 Arduino UNO 板上的"RX"和"TX"是相对单片机标注的，所以接线方式和用 USB 转串口模块有所不同。

有两个问题需要补充说明。一是 ArduBlock 的红外遥控程序在 Arduino 1.0.6 版本下编译没有问题，但在 Arduino 1.6 及以上的版本中编译时会提示出错，因此有网友建议：使用 ArduBlock 教育版时请不要使用 Arduino 1.6 及以上的版本。我经过试验发现，ArduBlock 教育版是把要添加的几个库文件放在一起加入的，其中有一个文件 BlunoOled00.h 会在 Arduino 1.6 及以上版本编译 ArduBlock 的红外遥控程序时出错，这个文件平时基本用不上，将其删除后，编译就正常了。

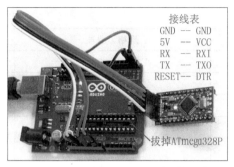

图 8.14 用 Arduino UNO 上传程序

图 8.15 上传程序选项

二是ArduBlock 2015版和ArduBlock教育版的红外接收程序代码有区别，使用ArduBlock 2015时要将接收到的红外编码数据赋值给一个字符串变量后再做后续处理，如图8.16所示，请注意这一区别。

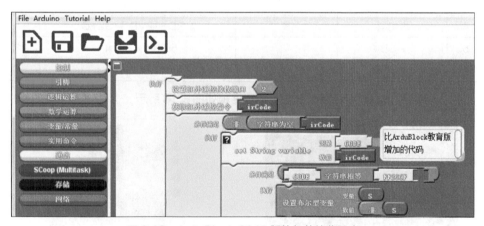

图 8.16 ArduBlock 2015 版的红外接收程序

8.4.2 装配电路板

元器件清单见表8.1。

表 8.1 元器件清单

序号	名称	标号	规格／型号	数量
1	Arduino 控制器		Arduino Pro Mini、ATmega328（5V 16MHz）	1
2	一体化红外接收头	IC	HS0038	1
3	电阻	R1～R4	1kΩ，1/4W	4

续表

序号	名称	标号	规格／型号	数量
4	电阻	R5	4.7kΩ，1/4W	1
5	电阻	R6	1MΩ，1/4W	1
6	电阻	R7	100Ω，1W	1
7	电容	C1	1μF，250VAC 安规电容	1
8	电解电容	C2	100μF，25V	1
9	整流二极管	VD1	1N4001	1
10	稳压二极管	VD2	1N4742（12V，1W）	1
11	整流桥		1A400V	1
12	发光二极管	LED1～LED4	φ3mm，红色	4
13	三极管	VT	9013	1
14	继电器	K	SRD-12VDC-SL-C	1
15	PCB		50mm×64mm	1
16	接线板			1

PCB 设计图如图 8.17 所示，装配好的电路板如图 8.18 所示。

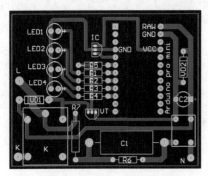

图 8.17　PCB 设计图

图 8.18　装配好的电路板

8.4.3　改装接线板

找一个面板插座可以分离的接线板，如图 8.19 所示。这种接线板可以拆掉一部分插座，用多出的空间来安装电路板，图 8.20 所示是改造好的接线板。

将电路板装入接线板，连接框图如图 8.21 所示，据此接好相关连线，如图 8.22 所示。

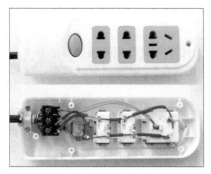

图 8.19　接线板原有构造

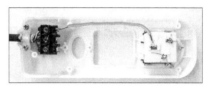

图 8.20　改造好的接线板

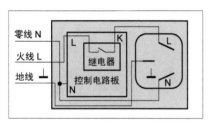

图 8.21　接线板连接框图

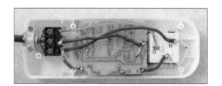

图 8.22　装入电路板的接线板

　　把透明的有机玻璃用氯仿粘合在接线板的正面，作为控制电路的面板，做好的红外遥控多功能插座如图8.23所示。在接线板上插上一个台灯，用遥控器操作，检查电路能否正常工作。

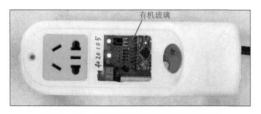

图 8.23　红外遥控多功能电源插座

　　当电源插座用于定时功能时，定时时间通过点亮的LED显示，例如图8.23中LED1和LED3点亮，则对应的定时时间为5+20=25（min）。

　　由于控制电路直接和220V电源相连，因此在制作过程中要绝对注意安全，不要带电操作。如果要重新上传程序，一定要拔下接线板的电源插头。

8.5　小结

　　这个红外遥控插座是用来控制电器开关的，如果你只是用来遥控灯的开关，可以简化电路，用 Arduino 控制器直接驱动 LED，用电池或 5V 电源适配器供电，这样做比较安全。

　　你也可以将这个红外遥控插座改成蓝牙遥控插座。

第9章 数字密码锁

　　传统的机械锁受其结构所限，防盗性能不够理想，电子锁由于保密性好，安全系数高，越来越受到用户青睐，目前家用保险箱基本上都使用了数字密码锁。这一章向大家介绍一款用Arduino制作的数字密码锁，最多可设置8位数密码。

9.1　预备知识

9.1.1　电控锁

　　普通门锁由锁体和锁孔两个主要部分组成。锁体中的锁舌和锁孔配合，可实现"关门"和"开门"两个状态。数字密码锁也有类似的装置，所不同的是，它用的是电控锁，其终端主要部件是一个电磁铁，用于控制锁舌的动作。当电磁铁通电后，锁舌被吸住，离开锁孔，实现开门动作。本文所用的电控锁如图9.1所示。

图 9.1　电控锁

9.1.2　矩阵式按键

　　在Arduino控制电路中，通常使用独立式的按键，采用这种方式每个按键都要使用一个接口，当按键较多时，接口就不够用了，这时可考虑采用矩阵式按键，即将按键排列成矩阵形式。在矩阵式按键中，每条水平线和垂直线在交叉处通过一个按键连接。以4×4矩阵式按键为例，其电路如图9.2所示，16个按键只用了8个接口。矩阵式按键有一体化的产品，如图9.3所示，其接口如图9.4所示。

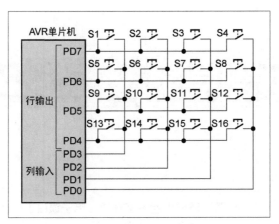

图 9.2　4×4 矩阵式按键电路

图 9.3　一体化矩阵式按键

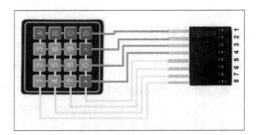

图 9.4　一体化矩阵式按键的接口

　　矩阵式按键通常采用逐行扫描法判断有无按键被按下，方法是依次在第一行至最末行线上发出低电平信号，当某行为低电平时，如果该行线所连接的键没有被按下，则该列所接的端口得到的信号全是 1；如果有按键被按下，则对应的列被拉为低电平，得到的信号非全 1，找到信号为 0 的列，就能根据行和列判断是哪个键被按下了。

9.2　硬件电路

　　数字密码锁电路如图 9.5 所示，Arduino 控制器使用 Arduino Nano。电路主要由键盘输入电路、电控锁输出控制电路和有源蜂鸣器等部分组成。键盘输入电路为上面介绍过的矩阵式按键，这里只用到 0 ~ 9 数字键和 # 号键，# 号键作确认键用。按键所用的接口 D0 ~ D7 正好对应 AVR 单片机 ATmega328 的并行端口 D，编程时可以直接对并行端口进行读写操作，即一次完成 8 个接口的操作，简化了程序设计。

　　电控锁和 Arduino 控制器统一使用 12V 直流电源，12V 直流电压接 Arduino Nano 的 7~12V 外接电源输入端 VIN，经内部 5V 稳压集成电路稳压后提供 5V 工作电源。电控

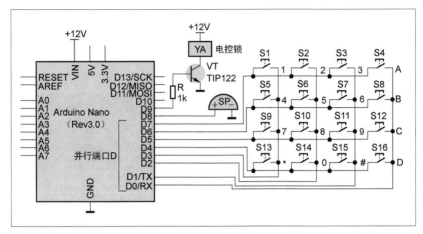

图 9.5 数字密码锁电路

锁中电磁铁线圈的内阻约为 15Ω，工作电流接近 1A，使用一只达林顿三极管 TIP122 驱动，TIP122 的封装如图 9.6 所示。

电路的工作原理是：输入数字密码后按确认键，如果密码正确，则发出提示音 0.5s，随后 9 脚输出高电平 5s，开启电控锁；如果密码错误，则发出提示音 2s，连续 3 次输入错误密码，则发出 3min 的报警声，报警声结束后才能继续输入密码。按键时，蜂鸣器也发出操作提示音 0.1s。

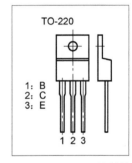

图 9.6 TIP122 的封装

9.3 程序设计

程序由主程序和 4 个矩阵行扫描子程序组成，由于程序中直接对并行端口 D 进行编程，因此编程工具要使用具有并口模块功能的 ArduBlock 2015 beta 版。

主程序如图 9.7 所示，主要功能为设置密码、调用矩阵式按键扫描子程序。程序代码中设置的密码为 6 位数密码 258456。

矩阵式按键扫描由 4 个子程序组成，分别对应 4 行的扫描。

对应第一行的扫描子程序如图 9.8 所示，这一行对应数字按键 1、2、3。先让对应第一行的接口输出低电平，然后检查 4 列有没有按键被按下。检查的方法是读取并行端口 D 的值，端口的高 4 位是输出端口，低 4 位是输入端口。对于高 4 位，读取的值就是它的输出值；对于低 4 位，因为内部上拉电阻使能，所以没有按键被按下时读出的值均为 1，这时读取并行端口 D 的值就是设置值（01111111 是二进制数，对应的十进制为 127）。如果有某一列的按键被按下，刚对应的位被行输出的低电平拉低，对应值为 0，这时读取的值就不是设置值了，根据数值就可以判断出是哪个键被按下了，从而获得一位密码输入值。读出一位密码后，前面已读取的密码数值左移一位，新的一位密码作个位数。

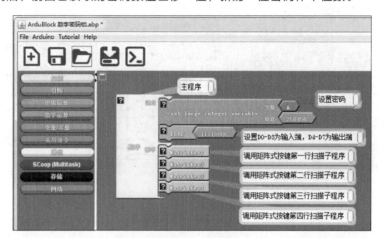

图 9.7 主程序

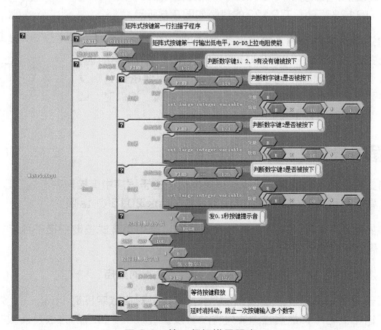

图 9.8 第一行扫描子程序

对应第二行的扫描子程序如图 9.9 所示，这一行对应数字按键 4、5、6。对应第三行的扫描子程序代码如图 9.10 所示，这一行对应数字按键 7、8、9。这两行的扫描子程序和第一行类似，不再赘述。

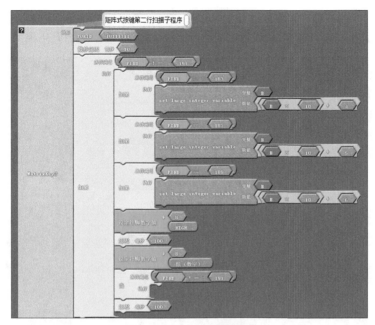

图 9.9　第二行扫描子程序

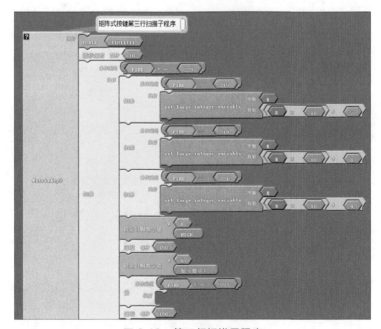

图 9.10　第三行扫描子程序

对应第四行的扫描子程序如图 9.11 所示，这一行对应数字按键 0 和确认键 # 。在按下确认键后，程序将输入的密码和设置密码进行比较，如果一致，则打开电控锁。

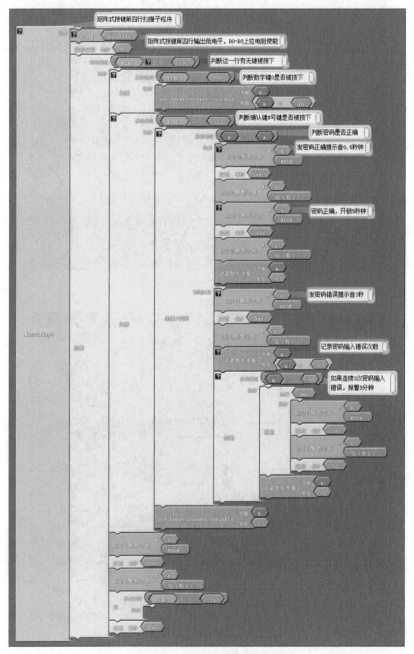

图 9.11　第四行扫描子程序

9.4 安装调试与使用

元器件清单见表9.1。

表9.1 元器件清单

序号	名称	标号	规格／型号	数量
1	Arduino控制器		Arduino Nano	1
2	电阻	R	1kΩ，1/4W	1
3	达林顿三极管	VT	TIP122	1
4	有源蜂鸣器	SP	工作电压5V	1
5	电控锁		工作电压12V	1
6	矩阵式按键		4×4	1
7	电源插座			1
8	PCB		60mm×45mm	1
9	电源适配器		12V，1A	1

PCB设计图如图9.12所示，因为电路板的连线不是太多，也可以用洞洞板装配电路。安装时应特别注意Arduino Nano的RX（D0）和TX（D1）的排列顺序和Arduino UNO的相反。装配好的电路板如图9.13所示。接下来把程序上传到Arduino Nano中。总装好的数字密码锁如图9.14所示。

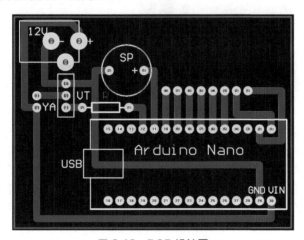

图 9.12 PCB 设计图

接通电源，先输入正确的密码，按确认键，看电控锁能否吸合；再连续输入3次错误的密码，检验电路能否报警。如果工作正常，说明程序和电路装配都没有问题。

图 9.13　电路板

图 9.14　总装好的数字密码锁

　　这个数字密码锁如果要修改密码，必须在主程序中修改，然后重新上传到 Arduino 控制器。如果想通过键盘直接修改密码，就要在现有程序上增加功能，编程时需将密码保存到单片机的 EEPROM 中，以保证掉电后密码不会丢失，开机后再将密码从 EEPROM 中读出。修改密码时必须先验证旧密码，再设置新密码。另外，要专门编写一个程序，将初始密码写入 EEPROM。ArduBlock 2015 版编程软件中有读写 EEPROM 的功能模块，有兴趣的读者可以自己研究一下。

　　做好的数字密码锁可以根据需要装在门上或保险箱上使用。

9.5　小结

由于使用了矩阵式按键，数字密码锁的电路比较简单，但需要使用动态扫描的方式读取键盘的值，致使程序比较复杂。如果想直接通过按键修改密码，编程时必须使用EEPROM读写。

想一想，这种使用密码进行控制的方式还有其他用途吗？

第10章 PM2.5 测试仪

　　PM2.5指环境空气中直径小于等于2.5μm的颗粒物，又称细颗粒物，是雾霾的主要成分之一，由于其粒径小，活性强，易附有毒、有害物质，且在大气中的停留时间长、输送距离远，因而对人体健康的影响很大。这一章介绍一种PM2.5测试仪的制作方法，这个测试仪体积小巧，可随身携带使用。

10.1　预备知识

10.1.1　灰尘传感器

　　PM2.5测试仪使用的灰尘传感器型号为GP2Y1010AU0F，如图10.1所示。由于其对PM2.5的检测灵敏度比较高，而空气中长时间悬浮的灰尘的主要成分为PM2.5，因此我们把GP2Y1010AU0F的检测值近似作为PM2.5的值。GP2Y1010AU0F的主要参数见表10.1。

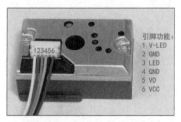

图10.1　GP2Y1010AU0F

表10.1　GP2Y1010AU0F的主要参数

电源电压	5 ~ 7V
工作温度	−10 ~ 65℃
消耗电流	最大值20mA，典型值11mA
灵敏度	0.5V/(0.1mg/m³)，即0.005V/(μg/m³)
清洁空气中的输出电压	典型值0.6V

　　GP2Y1010AU0F中有一个红外发光二极管和一个光电晶体管，呈对角布置，测量原

理如图10.2所示，传感器中心有个洞可以让空气自由流过，LED定向发射红外线，由光电晶体管PD检测空气中灰尘散射的光线强度，以此来判断灰尘的密度，然后输出与灰尘密度成正比的模拟电压VO。

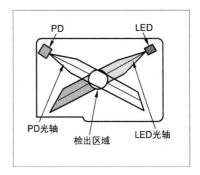

传感器的内部电路结构如图10.3所示。电路的工作过程是这样的：在3脚输入一个低电平的脉冲信号，时长为320μs，使LED发出红外线；当时间持续到280μs时，读取5脚的输出电压。输出电压值和粉尘密度的关系如图10.4所示，从图中可以看出，粉尘密度为0 ～ 500μg/m^{3}时，粉尘密度和输出电压呈线性关系。通过输出电压值和灵敏度就可以计算出粉尘密度。

图 10.2　测量原理

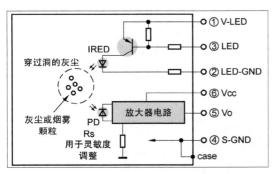

图 10.3　GP2Y1010AU0F 内部电路

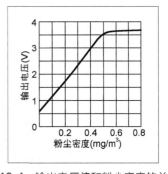

图 10.4　输出电压值和粉尘密度的关系

10.1.2　4位串行数码管模块

4位串行数码管模块如图10.5所示，数码管为共阳数码管。这个数码管模块用来显示PM2.5的值，采用动态扫描显示方式，由两片74HC595芯片驱动。74HC595具有一个8位串行输入、并行输出的移位寄存器和一个8位输出存储寄存器。两片74HC595芯片分别用于字段码驱动和位码驱动。

图 10.5　4 位串行数码管模块

这个模块外接3个输入接口，连电源正和接地共5个接口。

DIO：串行数据输入端口，一次可输入一个字节（8位二进制数），高电平表示1，低电平表示0，8位二进制数从高位到低位依次输入。

SCLK：移位寄存器时钟端口，上升沿，移位寄存器的数据移位；下降沿，移位寄存器的数据不变。在DIO输入一位数据后，在SCLK端产生一个正脉冲，继而产生移位。

RCLK：存储寄存器时钟端口，上升沿，移位寄存器的数据进入存储寄存器；下降沿，存储寄存器数据不变。当移位结束，即传输一个字节的数据后，在RCLK端产生一个正脉冲，更新显示数据。

10.2　硬件电路

PM2.5测试仪电路如图10.6所示。Arduino控制器使用Arduino Nano。因为GP2Y1010AU0F内部的LED驱动电路对电源的波纹系数要求较高，电路中加了由电阻、电容组成的电源滤波电路。Arduino的D5输出负脉冲信号作GP2Y1010AU0F内部LED驱动信号，A0接GP2Y1010AU0F的模拟输出端VO测量模拟输出电压值。在LED开启280μs后才对VO输出的电压进行采样，脉冲信号波形如图10.7所示。

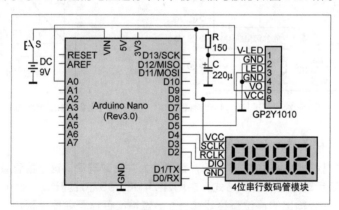

图 10.6　PM2.5 测试仪电路图

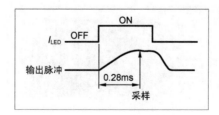

图 10.7　输出脉冲采样时间

电源使用9V电池，Arduino Nano的5V输出给两个模块提供电源。

10.3 程序设计

程序主要分为读取 GP2Y1010AU0F 数据和 4 位串行数码管模块驱动两部分，软件使用 ArduBlock 2015 beta 版。由于数码管采用动态扫描的显示方式，扫描过程中不能发生停顿，而读取 GP2Y1010AU0F 数据也有较高的时序要求，因此程序使用多任务（或称多线程）的工作方式，两个程序可以独立工作，互不影响。多任务是通过安装 Scoop 类库实现的。

10.3.1 主任务：读取 GP2Y1010AU0F 数据

将读取 GP2Y1010AU0F 数据作为主任务。

PM2.5 值（单位是 μg/m³）的计算公式为：PM2.5 值 =（传感器输出电压 − 清洁空气中传感器输出电压）/ 灰尘传感器灵敏度 =（模拟读数 × 5/1024 − 0.6）/0.005 = 模拟读数 × 1000/1024 − 120 ≈ 模拟读数 − 120。

为了减小 GP2Y1010AU0F 输出数据的离散性，程序中取 10 次读数的平均数作为输出数据，每秒刷新一次数据。程序如图 10.8 所示。

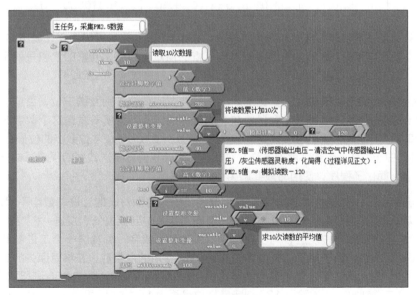

图 10.8　主任务程序

10.3.2 支任务：4 位串行数码管模块动态扫描显示

我们把 4 位串行数码管模块动态扫描显示作为支任务，使用 Scoop 任务完成。

4 位串行数码管模块的字段码使用一个有 10 个元素的数组 LED[10] 存储，对应共阳极数码管设计的字段码见表 10.2。

表10.2　共阳极数码管字段码

数字	数码管字段电平								字段码	
	dp	g	f	e	d	c	b	a	二进制	十进制
0	1	1	0	0	0	0	0	0	11000000	192
1	1	1	1	1	1	0	0	1	11111001	249
2	1	0	1	0	0	1	0	0	10100100	164
3	1	0	1	1	0	0	0	0	10110000	176
4	1	0	0	1	1	0	0	1	10011001	153
5	1	0	0	1	0	0	1	0	10010010	146
6	1	0	0	0	0	0	1	0	10000010	130
7	1	1	1	1	1	0	0	0	11111000	248
8	1	0	0	0	0	0	0	0	10000000	128
9	1	0	0	1	0	0	0	0	10010000	144

　　在 Scoop 主程序的设置（setup）部分，将 10 个数字的字段码保存在数组的 10 个元素中，这样要显示某个数字，只要读取对应元素的值就可以了，元素的索引号就是要显示的数字，比如数字 5 对应元素 LED[5]，LED[5] 的值就是数字 5 的字段码。

　　向 4 位串行数码管模块发送数据的顺序是从高位向低位分别发送千位、百位、十位和个位 4 个数字的字段码，每发送完一位数字的字段码，接下来就要发送这个数字对应的位码，比如发送千位数的字段码后就要发送它的位码 8（b1000），4 位数字的位码分别为 8、4、2、1。由于发送 4 位数字就要发送 8 次数据，因此我们把发送数据的程序写成一个子程序 ledOut，简化了程序，使用时只要调用 ledOut 就行了。

　　子程序 ledOut 发送的数据为字段码或位码，这些数据对应的二进制数均不超过 8 位，因此可以把这些数据作为一个 8 位二进制数发送，从高位到低位依次发送"0"或"1"共 8 个数字。程序取最高位发送，为了保证依次发送 8 个数字，每发送一个二进制数字，数据就需要左移一位。由于用于存储数字的变量 data 使用的是整数，左移后原先的最高位并没有被丢弃，对应的二进制数位数会大于 8 位，因此程序中将 data 与 256 进行取模运算，取出低 8 位二进制数，通过除以 128 判断最高位是否为 1：如果结果为 1，说明 8 位二进制数的最高位为 1；如果结果为 0，说明最高位为 0。

　　特别强调一下：如果要在 Scoop 程序中使用延时功能，必须使用其专用的 Scoop Sleep 延时模块。

　　Scoop 任务的主程序如图 10.9 所示，子程序如图 10.10 所示。编译程序前需将 Scoop 类库的文件夹复制到 Arduino IDE 安装目录的 Arduino\libraries 文件夹中。

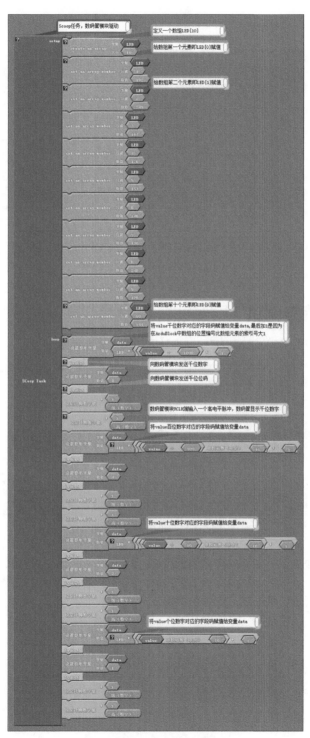

图 10.9　Scoop 任务主程序

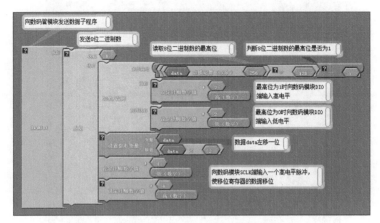

图 10.10　Scoop 任务子程序

10.4　安装与调试

测试仪的机壳使用3D打印机打印，设计图如图10.11所示。

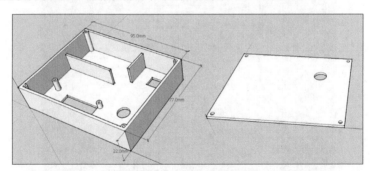

图 10.11　机壳 3D 设计图

由于电路比较简单，因此使用洞洞板装配，Arduino Nano、电阻、电容直接焊接在洞洞板上。Arduino Nano 往洞洞板上焊接时，不需要使用的点可以不焊接。装配好的电路板如图10.12所示。将程序上传到 Arduino Nano 中。

图 10.12　电路板

先将灰尘传感器、数码管模块和电源开关装入机壳，如图 10.13 所示。再焊接好模块和电路板的连线，如图 10.14 所示。电池插座利用了从旧的 9V 电池上拆下的接线端子，焊接时注意电池的极性。装配好的测试仪内部如图 10.15 所示，测量效果如图 10.16 所示。做一个试验：将测量仪放在点燃的烟旁边，显示数值马上会升高到 200 以上。

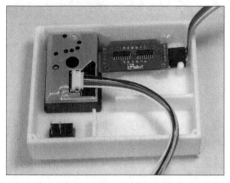

图 10.13　安装传感器、数码管模块和电源开关

图 10.14　焊接连线

图 10.15　装配好的测试仪内部

图 10.16　测量效果

测量室外的 PM2.5 值，访问网站 www.pm25.in，检验你的测量值是否与本地相近地点网站公布的测量值接近。如果在空气质量很好的情况下，显示值出现了乱码，说明你用的灰尘传感器在清洁空气中的输出电压小于 0.6V，按 0.6V 计算时输出数据出现了负数，可适当修改程序，调低传感器在清洁空气中的电压值。

10.5　小结

使用这个小巧的测试仪，我们可以随时随地检测空气中 PM2.5 的含量。电路中使用了 4 位串行数码管模块，只占用了 Arduino 的 3 个引脚，在 Arduino 引脚不够用的情况下，可考虑使用这种数码管模块。

第 11 章 超声波感应电子琴

普通的电子琴均有琴键，每个键对应一个音高，结构比较复杂。能不能不用琴键呢？特雷门琴就是一种没有琴键的电子琴，演奏时人和电子琴没有接触，它的原理是利用天线和演奏者的手形成分布电容，天线接在一个LC回路上。手的位置变化会改变分布电容的大小，从而改变LC振荡器的频率，得到所需要的音高。受此启发，我们用超声波传感器测量人手和电子琴的距离，以此为依据发出不同音高的声音。

11.1 预备知识

11.1.1 超声波传感器

这里采用的超声波传感器是一个超声波测距模块，型号为HC-SR04，如图 11.1 所示。它有两个超声波元器件，一个用于发射，一个用于接收。HC-SR04有4个引脚，分别是Vcc（电源正）、Trig（触发端）、Echo（接收端）、Gnd（接地）。此模块的主要参数见表 11.1。

图 11.1 HC-SR04 超声波测距模块

表11.1　HC-SR04主要参数

工作电压	5V
工作电流	15mA
超声波频率	40kHz
测量距离	2 ~ 400cm
测量角度	不大于15º

HC-SR04的基本工作原理是：

（1）在Trig触发端输入一个至少10μs的高电平信号；

（2）模块自动发送8个40kHz的方波，检测是否有反射信号返回；

（3）若有信号返回，Echo接收端输出一个高电平，高电平持续的时间就是超声波从发射到返回的时间，据此即可计算出被测物的距离。

脉冲时序如图11.2所示。

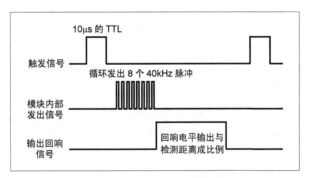

图11.2　HC-SR04 脉冲时序

11.1.2　蜂鸣器模块

蜂鸣器模块分有源和无源两种。有源蜂鸣器内部带振荡源，只要通电触发就会响，其发声频率是固定的。而无源蜂鸣器内部不带振荡源，用直流信号无法令其发声，必须用方波信号去驱动它，发声频率就是驱动信号的频率，这正是电子琴所需要的，因此这里使用无源蜂鸣器模块。无源蜂鸣器模块由无源蜂鸣器和驱动三极管等组成，如图11.3所示。电路如图11.4所示。

图 11.3　无源蜂鸣器模块

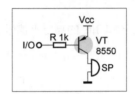

图 11.4　无源蜂鸣器模块电路

模块有 3 个引脚：VCC、I/O（触发端）和 GND。电路中的三极管为 PNP 型三极管，触发端为低电平时三极管截止，为高电平时三极管导通，因此在无信号时要将其置于高电平，让三极管截止，以减小静态工作电流。

11.2　硬件电路

超声波感应电子琴的电路如图 11.5 所示。这里使用 Arduino Nano 控制器，Arduino 的数字引脚 3 输出超声波发射触发信号；数字引脚 2 为返回脉冲信号的输入端；数字引脚 8 为音频信号输出端，推动蜂鸣器模块发声，音频信号的频率由数字引脚 2 输入的脉冲宽度控制。

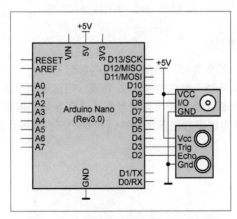

图 11.5　超声波感应电子琴电路原理图

11.3　程序设计

程序使用 ArduBlock 教育版编写，由超声波测距和音调输出两部分组成。

电子琴使用 1 ~ $\dot{1}$ 共 8 个音，简谱和声音频率见表 11.2。

表 11.2　简谱和声音频率对照表

音名	c1	d1	e1	f1	g1	a1	b1	c2
简谱	1	2	3	4	5	6	7	$\dot{1}$
频率（Hz）	262	294	330	349	392	440	494	523

程序中音调输出使用 ArduBlock 中的音调模块，音调模块可以输出指定频率的声音。音调模块共有 3 种，如图 11.6 所示。其中模块 1 调用后，如果要停止发声，必须调用模块 3；模块 2 可以自定义发声的时间，不需要调用模块 3 结束发声。这里使用模块 1 和模块 3。

图 11.6　音调模块

程序如图 11.7 所示。

程序中将 5 ~ 45cm 作为超声波感应区，平均分配给 8 个音，这里没有采取特雷门琴中音调随手的位置变化而连续平滑变动的模式，而是每 5cm 距离对应一个音高，用 8 个判断语句确定手掌所处的位置，当手掌在 5 ~ 10cm 范围内时发 do 音，在 10 ~ 15cm 范围内时发 re 音，依此类推。程序每过 100ms 检测一次距离，如果手掌置于某个音高区不离开，则连续发音。当超声波传感器在 5 ~ 45cm 范围内检测不到反射物时则停止发音。

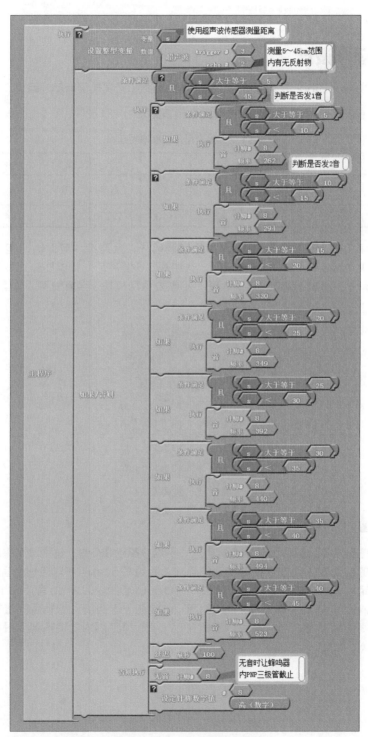

图 11.7　超声波感应电子琴程序

11.4　安装与调试

　　超声波感应电子琴只有3个部件，连线也很简单，因此使用洞洞板装配即可。装配好的电路板如图11.8所示。上传程序，用手机充电器作电源，就可以开始调试了。

图 11.8　超声波感应电子琴电路板

　　使用时，为了准确控制距离，可以加一个音高标尺，绘制时每个音调的标记长度为5cm，如图11.9所示，演奏熟练后就不需要标尺了。也可以将超声波传感器的正面向上，手掌置于上方演奏。因为只设计了8个音，所以能演奏的曲子比较简单，但挥动手臂就能演奏出乐曲，还是充满乐趣的。

图 11.9　音高标尺

11.5 小结

　　这个电子琴为了降低演奏的难度，每个音"键"所占的宽度比较大，一共只设置了 8 个音，能演奏的音高比较少，读者可根据需要进行扩展。另外，用蜂鸣器发声，音质不能令人满意，可考虑改用扬声器。

第12章 光电八音盒

传统八音盒是一种机械发音乐器，当音筒旋转时，它上面的凸点触发音板振动，并按设计的振动频率发出声音。本章介绍一种用 Arduino 制作的光电八音盒，它用黑块代替音筒上的凸点，采用光电识别技术，根据黑块所处的位置通过扬声器发出相应音高的声音，这样就能够演奏预先编制好的音乐了。

12.1 预备知识

12.1.1 步进电机与驱动模块

传统八音盒使用发条提供动力，通过齿轮变速传动带动音筒旋转，由阻尼器控制音筒的旋转速度，从而控制音乐的节奏，其结构如图 12.1 所示。光电八音盒使用步进电机提供驱动音筒的动力，音乐节奏由步进电机的转速控制。

步进电机是将电脉冲信号转变为角位移的开环控制电机。当步进驱动器接收到一个脉冲信号时，就能按设定的方向转动一个固定的角度（称为步距角），在非超载的情况下，电机的转速只取决于脉冲信号的频率，旋转的角度只取决于脉冲数，与负载的变化无关。

图 12.1 传统八音盒的内部构造

本文使用的步进电机型号为28BYJ-48（见图12.2），工作电压为5V，带减速齿轮，其等效电路如图12.3所示，它共有5根引出线，其中1、2、3、4为励磁信号线，5是两组线圈抽头的公共端。这种步进电机常用的减速比有两种：1/16和1/64，我们选用1/64，其步距角为5.625°/64=0.0879°，使用时采用1-2相励磁（1相励磁和2相励磁交替进行）。顺时针旋转时，励磁方式见表12.1，公共端5接高电平，励磁信号线按表12.1中的顺序依次输入低电平，步进电机即能产生旋转，一个周期由8拍组成。

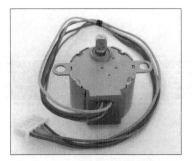

图 12.2　28BYJ-48 步进电机

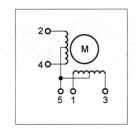

图 12.3　28BYJ-48 等效电路图

表 12.1　28BYJ-48 的励磁方式

接线端序号	导线颜色	分配顺序							
		1	2	3	4	5	6	7	8
5	红	+	+	+	+	+	+	+	+
4	橙	−	−						−
3	黄		−	−	−				
2	粉				−	−	−		
1	蓝						−	−	−

　　步进电机使用 ULN2003 模块（见图 12.4）驱动，ULN2003 内部有 7 个达林顿管，内部框图如图 12.5 所示，它有 7 路输入和对应的输出，这里只使用了其中 4 路，当输入端为高电平时，达林顿管导通，输出低电平励磁脉冲信号，因此 ULN2003 输出的励磁脉冲信号和输入脉冲信号是反相的。

图 12.4　ULN2003 模块

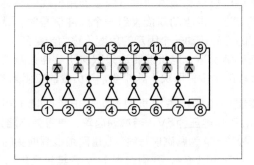

图 12.5　ULN2003 内部框图

12.1.2　反射型光电传感器

　　光电八音盒是将乐谱绘制在白纸上的，方法是先在纸上画好五线谱，再根据乐谱的音符画好相应的黑块，最后将纸带贴在音筒上。音筒旋转时，使用反射型光电传感器读谱。

反射型光电传感器的型号为RPR220，它由一个红外发射二极管和一个光敏三级管组成，如图12.6所示，图12.7所示是RPR220的传输特性测试电路。红外发射二极管向测试平面发射红外线，光敏三极管接收测试平面反射的红外线，其输出电压会随着接收到的红外线的强度发生变化，光线越强，输出电压越低。当画有乐谱的白纸在光电传感器前移动时，遇到黑块时就会输出高电压，Arduino据此即可演奏出相应的音符。光电八音盒设计为演奏两个八度音程的曲目，每个音对应一个光电传感器，因此要使用15个光电传感器。

图 12.6　RPR220 光电传感器

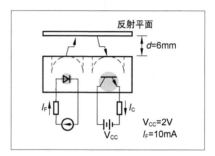

图 12.7　RPR220 传输特性测试电路

12.2　硬件电路

光电八音盒的电路如图12.8所示，电路主要由Arduino Nano控制器、读谱光电传感器电路、步进电机驱动电路、音频输出电路等部分组成。

光电传感器电路共有15路传感器，信号输出分别接Arduino Nano的D2 ~ D12、A0 ~ A3，这里模拟输入端A0 ~ A3作为数字输入端使用。以第一路传感器为例，它的光敏三极管输出端接D2端，D2端作为数字输入端使用，它判断输入电平的高低以VCC/2（即2.5V）为基准，当输入的电压大于2.5V时，会被判断为高电平；当输入的电压小于2.5V时，会被判断为低电平。因此光敏三极管的输出端可以不使用整形电路，只需要在检测到黑块时输出大于2.5V的电压，在没有检测到黑块时输出小于2.5V的电压即可。在实际使用中，为了提高电路的可靠性，要求在检测到黑块时输出电压大于3V，在没有检测到黑块时输出电压小于2V，这样可提高光电传感器抗外界光线干扰的能力。调节电阻R16的阻值，可改变输出电压值。

步进电机ULN2003驱动模块的4个输入端接Arduino Nano的A4、A5、D0、D1，模拟输入端A4、A5作为数字输出端使用，通过4个端口输出的脉冲信号控制步进电机旋转。

Arduino Nano的D13作为音频信号输出端使用，由于其输出电流较小，因此使用了一对互补的三极管作跟随器提高驱动能力，以推动阻抗较小的扬声器。

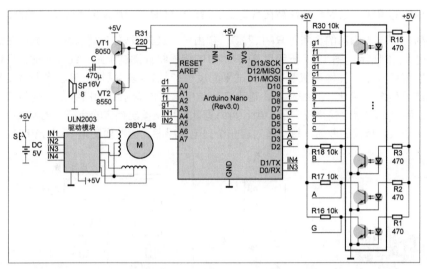

图 12.8　光电八音盒电路图

电源使用 4 节 AA 镍氢充电电池。

12.3　程序设计

　　程序使用 ArduBlock 2015 beta 版编写，由光电传感器信号处理和步进电机驱动两部分组成。由于两部分程序均需要独立运行，不能相互干扰，因此程序使用多任务的工作方式，光电传感器信号处理作为主任务，步进电机驱动作为 Scoop 任务。

12.3.1　光电传感器信号处理

　　编程前首先要确定光电八音盒使用哪 15 个音，这里借鉴 15 音木琴，15 音木琴的音序排列方式有两种：1 ~ i和5 ~ 5，前者从 1 开始，容易学习，后者能演奏更多的曲目，我们选择后一种排列方式，见表 12.2。

表 12.2　光电八音盒的 15 个音

音名	G	A	B	c	d	e	f	g	a	b	c¹	d¹	e¹	f¹	g¹
简谱	5̣	6̣	7̣	1	2	2	4	5	6	7	1̇	2̇	3̇	4̇	5̇
频率（Hz）	196	220	247	262	294	330	349	392	440	493	523	587	659	698	784

　　光电传感器信号处理的部分程序如图 12.9 所示，有 15 个判断语句，这 15 个判断语句结构一样，只是因为音级不同和使用的输入引脚不同，参数有所不同。以 G（5̣）为例说明，程序中使用了可以自定义发声时间的音调模块。模块中的时间参数 223 表示发声

223ms，但它没有延时功能，程序不会在这里等待223ms，即在发声的同时会继续往下执行，而我们需要程序在此等待发声结束再往下执行，所以要在它后面添加一个220ms的延时模块。这里的发声时间以1/2拍为一个单元，1拍要连续调用两次，程序将延时模块的时间取为220ms，比发声时间略短点，这是为了让两个1/2拍的音合成1拍的音时实现无缝连接，即在第一个1/2拍的音还没有结束时，就让第二个1/2拍的音接上去，组成一个完整的1拍的音，不然等到发声功能模块关闭后再打开，会听到一个有间隔的过渡音。

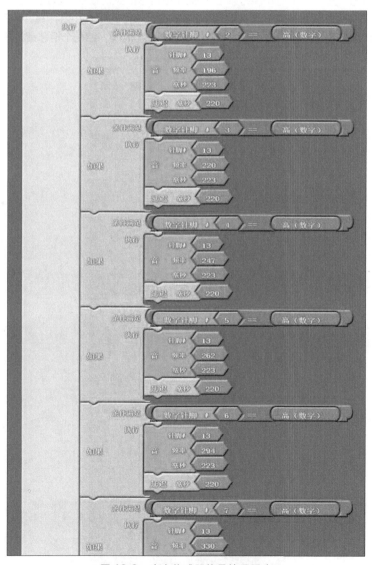

图 12.9　光电传感器信号处理程序

12.3.2 步进电机驱动

步进电机驱动程序的功能就是驱动步进电机按预先设置的速度旋转。普通八音盒音筒旋转一周的时间约为16s，光电八音盒音筒旋转一周的时间也取16s。因为步进电机28BYJ-48的步距角为5.625°/64，所以需要4096个脉冲才能旋转一周，取脉冲宽度为4ms，则16.384s旋转一周，符合设计要求。以上述条件为依据编写的程序如图12.10所示。程序使用Scoop任务编写，其中的延时功能必须使用Scoop自带的延时模块。步进电机以上述速度运行时，以音筒直径为56mm、乐谱上对应1/2拍的单元格长度为3mm计算，1/2拍的时间为279ms，我们取其80%的时间，即223ms作为音符发声时间，给两个相邻音符留一点间隙。

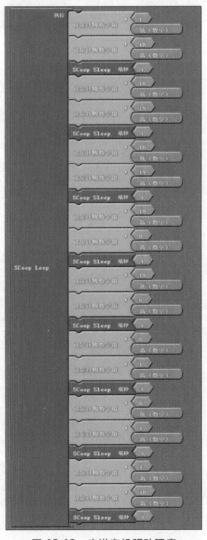

图 12.10 步进电机驱动程序

12.4 安装与调试

12.4.1 机盒、音筒装配

八音盒的机盒、音筒、音筒支架等零部件使用3D打印机打印。

机盒的3D模型如图12.11所示，音筒的3D模型如图12.12所示，音筒支架的3D模型如图12.13所示。

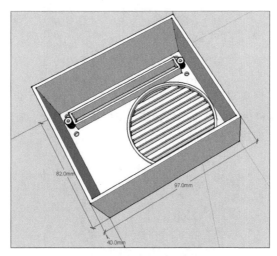

图 12.11 机盒 3D 模型

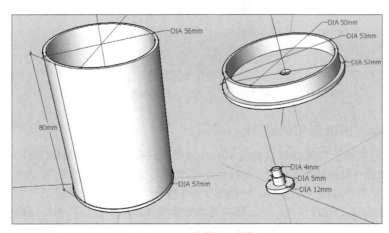

图 12.12 音筒 3D 模型

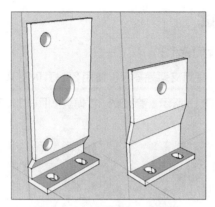

图 12.13　音筒支架 3D 模型

先将音筒的 3 个配件进行组装，再将音筒支架安装在机盒上。在支架上安装步进电机，最后安装音筒，安装完成后如图 12.14 所示。

图 12.14　机盒、音筒的装配

12.4.2　乐谱纸带的绘制

纸带的宽度等于音筒的有效长度 80mm，长度只要大于音筒的周长即可。八音盒中 15 个传感器成一列安装，宽度为 76.2mm，因此纸带上乐谱的宽度为 76.2mm，分成 15 个单元，每个单元对应一个音级。纵向每 3mm 为一个单元，对应 1/2 拍的音符，两个单元为 1 拍。对于 1/2 拍的音符，单元格中开始的半格画黑块，余下的半格空白作为和下一个音符的间隔；对于 1 拍的音符，画一格半的黑块，中间不留间隔，以保证连续发音。图 12.15 所示是《生日快乐》的乐谱纸带。

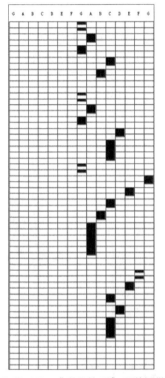

图 12.15 《生日快乐》乐谱纸带

12.4.3 电路板装配

先将程序上传到 Arduino Nano。电路板使用双面洞洞板安装，光电传感器安装在板的反面，由于光电传感器贴紧电路板安装，引线很短，焊接时间不能太长，以免高温造成损坏。装配好的电路板如图 12.16 所示。

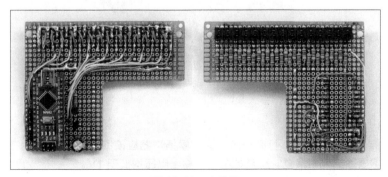

图 12.16 电路板

12.4.4　总装

　　将扬声器装入机盒，用玻璃胶固定，再将电路板装入机盒，连接电池、开关、扬声器，接好步进电机的插头，如图 12.17 所示。将所有配件装入机盒，装配时注意光电传感器到音筒表面的距离要保持在 6mm 左右，这时光电传感器识别的灵敏度最高。最后用有机玻璃做一个后盖板，如图 12.18 所示。将绘制好的乐谱粘贴在音筒上，光电八音琴就制作完成了，如图 12.19 所示。

图 12.17　光电八音盒电路连接

图 12.18　光电八音盒底面

图 12.19　光电八音盒

12.4.5　调试

　　先在音筒上贴一层白纸，打开电源，这时候扬声器应该不发出任何声音，否则检查是哪个光电传感器输出电压偏高，正常情况下，输出电压均低于 1V。

　　按图 12.20 所示做一个纸带测试环套在音筒上，分别测试 15 个传感器的输出状态。

以第一路传感器为例，将测试环移动到传感器对应的位置，如果测试时能听到两短一长的声音，说明它工作正常；如果听不到任何声音，说明它检测到黑块时输出电压偏低，可适当减小R16的阻值；如果只能听到后面的一长声，前面的两短声听不到，说明输出电压仍然不够高，继续减小R16的阻值；如果前面两短声和后面一长声连成了一个声音，说明输出电压偏高，可适当增加R16的阻值。

调试结束后，打开电源开关，随着音筒的旋转，我们就能够听到光电八音琴演奏的音乐了。

图 12.20　测试图

12.5　小结

传统的八音盒只能演奏固定的乐曲，而光电八音盒可以随时更换乐谱，通过制作和使用，我们能学到不少音乐知识。

光电传感器的调试是一个难点，读者在制作时可以将电阻R16 ~ R30换成20kΩ微型电位器，这样调试起来比较方便。

附 录 ArduBlock 教育版模块功能及对应程序代码

1. 控制模块

模块	功能	程序代码

主程序 执行 / 程序 设定 循环	主程序：一个程序中只能有一个主程序，主程序模块有两种，第一种只含有"执行"功能，对应函数loop()；第二种有"设定"和"循环"功能，"设定"对应函数setup()，"循环"对应函数loop()。在不需要进行初始设置时使用第一种模块	void setup()
		{
		}
		void loop()
		{
		}

如果 条件满足 执行	选择结构：当条件满足时，运行"执行"中的语句。"条件满足"中的表达式为条件	if（表达式）
		{
		　　语句
		}

如果/否则 条件满足 执行 否则执行	选择结构：当条件满足时，运行"执行"中的语句1；否则运行"否则执行"中的语句2	if（表达式）
		{
		　　语句1
		}
		else
		{
		　　语句2
		}

当 条件满足 执行	循环结构：当条件满足时，运行"执行"中的语句，直至条件不满足时跳出循环	while（表达式）
		{
		　　语句
		}

重复 变量 i 次数 5 执行	循环结构：根据设定的次数，循环运行"执行"中的语句，例如次数设置为5次，则循环5次	for (i=1; i<=5; i++)
		{
		　　语句
		}

续表

模块	功能	程序代码
退出循环	强行退出循环	break;

子程序 执行	编写子程序：编写程序时，"子程序"要改用字母命名，例如 abc 执行	void abc()
		{
		  语句
		}

子程序	调用子程序：调用子程序时，其名称要和已有的子程序一致，例如 abc	abc();

2. 引脚模块

模块	功能	程序代码
数字针脚 # 1	读取数字针脚值（值为0或1），"#"后为针脚号	digitalRead(1)
模拟针脚 # 1	读取模拟针脚值（值为0 ~ 1023）	analogRead(1)
设定针脚数字值 # 1 HIGH	设置数字针脚的值（HIGH或LOW，1或0）	digitalWrite(1 , HIGH);
设定针脚模拟值 # 1 255	设置支持PWM输出的数字针脚的模拟输出值，以Arduino UNO为例，这些针脚为D3、D5、D6、D9、D10、D11	analogWrite(1 , 255);//PWM的范围为0 ~ 255
伺服 针脚# 1 角度 1	设置舵机（也称伺服电机）的针脚和旋转的角度	servo_pin_1.write(1);
360度舵机 针脚# 1 角度 1	设置360°舵机的针脚和角度，这里角度是用来设置舵机旋转方向和速度的	servo_pin_1.write(1);
超声波 trigger # 1 echo # 2	设置超声波传感器的发射端（trigger）和接收端（echo）的针脚	ardublockUltrasonicSensorCodeAutoGeneratedReturnCM(1 , 2)

续表

模块	功能	程序代码
Dht11温度 针脚# 2	设置DHT11传感器的针脚,读取温度值	dht11_pin_2.getTemperature()
Dht11湿度 针脚# 2	设置DHT11传感器的针脚,读取湿度值	dht11_pin_2.getHumidity()
音 针脚# 8 频率 440	设置声音输出的针脚和声音的频率	tone(8, 440);
音 针脚# 8 频率 440 毫秒 1000	设置声音输出的针脚、声音的频率和持续时间	tone(8, 440, 1000);
无音 针脚# 8	关闭所设针脚的声音输出	noTone(8);

3. 逻辑运算模块

模块	功能	程序代码
大于 / < / == / 大于等于 / ≤ / !=	对两个整数或实数进行比较,分别为大于、小于、等于、大于等于、小于等于、不等于	
== / !=	对两个逻辑变量(也称布尔变量)进行比较,分别为等于、不等于	
== / !=	对两个字符变量进行比较,分别为等于、不等于	

模块	功能	程序代码
且 A B	逻辑运算"与",当后面两个语句均为真时结果为真,否则结果为假	A&&B
或者 A B	逻辑运算"或",当后面两个语句均为假时是结果为假,否则结果为真	A||B
非 A	逻辑运算"非",表示对后面语句的否定	!A
字符串相等	判断两个字符串是否相等	
字符串为空	判断字符串是否为空	

4. 数学运算模块

模块	功能	程序代码
+ − × ÷	整数或实数的四则运算	
a 取模运算（取余） b	取模运算,又称求余,例如求5除于2的余数,结果为1	a % b
绝对值 a	求绝对值	abs(a)
乘幂 底数 a 指数 n	乘幂运算	pow(a,n)
平方根 a	求平方根	sqrt(a)
sin A cos A tan A	三角函数,分别为正弦、余弦、正切	sin(A) cos(A) tan(A) A的单位为弧度

模块	功能	程序代码
随机数 最小值 0 最大值 10	在设置的最大值和最小值之间求随机数	random(0 , 10)
映射 数值 a 从 0 1023 到 0 255	将一个数值从一个范围（如0~1023）映射到另一个范围（如0~255）	map (a,0,1023,0, 255)

5. 常量/变量模块

模块	功能	程序代码
1	整型常量	
设置整型变量 变量 a 数值 1	给整型变量赋值	int a = 0 ; a = 1 ;
整型变量名	设定整型变量	
设置布尔型变量 变量 A 数值 真	给布尔型变量赋值	bool A= false ; A = true ;
布尔型变量名	设定布尔型变量	
高（数字）低（数字）	布尔型常量，高、低电平值	
真 假	布尔型常量，真、假值	
设置实数变量 变量 a 数值 3.14	给实数变量赋值	double a = 0.0 ; a = 3.14 ;

续表

模块	功能	程序代码
实数变量名	设定实数变量	
3.1415925	实数常量	
设置char变量 变量 c char A	给字符变量赋值	char c = ' '; c = 'A';
A	设定字符变量	
字符串变量名	设定字符串变量	
字符串	字符串常量	

6. 实用命令

模块	功能	程序代码
延迟 毫秒 1000	延时函数，单位为毫秒（ms）	delay(1000);
微秒延迟 微秒 1000	延时函数，单位为微秒（μs）	delayMicroseconds(1000);
上电运行时间	记录 Arduino 上电后直到前的运行时间	millis()
读取串口	读取串口的整型数据	Serial.parseInt()
串口打印加回车 message	向串口发送数据并换行	Serial.print("message"); Serial.println();
和取值型结合	将整数转换为字符串	
和布尔型结合	将布尔值转换为字符串	
设置红外遥控接收端口 11	设置红外接收模块的针脚	
获取红外遥控指令 ir code	获取红外遥控指令	

续表

模块	功能	程序代码
写入I2C 设备地址 0 寄存器地址 0 数值 0	写入I^{2}C总线数据，设备地址、寄存器地址可设置	
读取I2C 设备地址 0 寄存器地址 0	读取I^{2}C总线数据，设备地址、寄存器地址可设置	
读取I2C是否正确	判断读取的I^{2}C总线数据是否正确	

说明： 有些功能模块对应的是很长一段程序（如红外遥控模块和I^{2}C读写模块），表中程序就做了省略。